SI Das Internationale Einheitensystem

Übersetzung der vom
Internationalen Büro für Maß und Gewicht
herausgegebenen Schrift
„Le Système International d'Unités (SI)",
3. Auflage 1977.

Herausgeber

Amt für Standardisierung, Meßwesen und Warenprüfung,
Deutsche Demokratische Republik

Bundesamt für Eich- und Vermessungswesen, Österreich

Eidgenössisches Amt für Maß und Gewicht, Schweiz

Physikalisch-Technische Bundesanstalt,
Bundesrepublik Deutschland

AKADEMIE-VERLAG · BERLIN 1978

Vorbemerkung
zur Ausgabe für die Deutsche Demokratische Republik

In der vorliegenden Übersetzung weichen einige Benennungen von Größen, Einheiten u. a. von den in der DDR üblichen Benennungen ab. Ebenso stimmt die Übersetzung der Definition der SI-Basiseinheiten nicht wörtlich mit der in der DDR gewählten Formulierung überein. Die Benennung und die Formulierung der genannten Definitionen werden mit der TGL 31 548 verbindlich geregelt.

Erschienen im Akademie-Verlag, 108 Berlin, Leipziger Str. 3—4
Von Friedr. Vieweg & Sohn Verlagsgesellschaft mbH, Braunschweig, genehmigte Lizenzausgabe

Lizenznummer: 202 · 100/561/78
Satz: Friedr. Vieweg & Sohn, Braunschweig
Druck: VEB Druckerei „Thomas Müntzer“, 582 Bad Langensalza
Bestellnummer: 762 5390 (6474) · LSV 1107
Printed in GDR
DDR 9,80 M

Inhaltsverzeichnis*

* Weitere Übersetzungen dieser Broschüre (oder ihrer vorhergehenden Auflagen) sind in verschiedenen Sprachen veröffentlicht worden, insbesondere in Bulgarisch, Englisch, Japanisch, Portugiesisch, Spanisch und Tschechisch. Zahlreiche Länder haben auch Anleitungen für die Benutzung der SI-Einheiten veröffentlicht.

Vorwort

zur 3. Auflage

Zahlreiche Anfragen haben das Internationale Büro für Maß und Gewicht veranlaßt, diese Schrift zu veröffentlichen, die in systematischer Folge den Inhalt der Beschlüsse und Empfehlungen der Generalkonferenz für Maß und Gewicht und des Internationalen Komitees für Maß und Gewicht über das Internationale Einheitensystem (Système International d'Unités – SI) enthält. Erläuternde Bemerkungen sowie Auszüge aus internationalen Normen der Internationalen Normenorganisation (International Organization for Standardization – ISO) über Anwendungsregeln für die Praxis wurden hinzugefügt.

Das *Comité Consultatif des Unités* beim Internationalen Komitee für Maß und Gewicht war an der Abfassung dieser Schrift beteiligt. Die endgültige Fassung ist unter seiner Aufsicht entstanden.

Im Anhang I sind die seit 1889 von der Generalkonferenz und vom Internationalen Komitee für Maß und Gewicht gefällten Entscheidungen (Resolutionen, Empfehlungen, Erklärungen usw.) über Einheiten und das Internationale Einheitensystem in chronologischer Reihenfolge wiedergegeben.

Im Anhang II werden die Verfahren kurz beschrieben, nach denen die großen metrologischen Staatslaboratorien physikalische Messungen in Übereinstimmung mit dem Wortlaut der Definitionen der wichtigsten Einheiten ausführen, um zu zeigen, wie die theoretisch abgefaßten Definitionen in dieser Schrift für die Beglaubigung von Präzisionsnormalen in die Praxis umgesetzt werden.

Diese 3. Auflage bringt die 2. Auflage (1973) hinsichtlich der Beschlüsse der 15. Generalkonferenz für Maß und Gewicht (1975), der vom Comité Consultatif des Unités während seiner Sitzungsperioden 4 (1974) und 5 (1976) und der vom Internationalen Komitee für Maß und Gewicht während seiner Sitzungsperiode September 1976 dazu beigetragenen Verbesserungen auf den laufenden Stand.

Januar 1977

J. TERRIEN

Direktor des Internationalen Büros für Maß und Gewicht

J. DE BOER

Präsident des Comité Consultatif des Unités

I Einführung

I.1 Geschichtliches

Im Jahre 1948 beauftragte die 9. Generalkonferenz für Maß und Gewicht (CGPM) mit ihrer Resolution 6 das Internationale Komitee für Maß und Gewicht (CIPM):

„die Schaffung einer vollständigen Neuordnung der Einheiten im Meßwesen zu prüfen",

„die darüber in Kreisen der Wissenschaft, der Technik und des Unterrichts aller Länder herrschenden Vorstellungen durch eine offizielle Umfrage in Erfahrung zu bringen" und

„Empfehlungen über die Einführung eines *praktischen Einheitensystems* vorzubereiten, das zur Annahme durch alle Signatarstaaten der Meterkonvention geeignet ist".

Mit ihrer Resolution 7 legte dieselbe Generalkonferenz allgemeine Regeln über Einheitenzeichen fest (*siehe* II.1.2, S. 7) und brachte bereits eine Liste von besonderen Einheitennamen heraus.

Die 10. CGPM (1954) und die 14. CGPM (1971) entschieden in ihren Resolutionen 6 (1954) bzw. 3 (1971), als Basiseinheiten dieses „praktischen Einheitensystems" die Einheiten der folgenden sieben Größen anzunehmen: Länge, Masse, Zeit, elektrische Stromstärke, thermodynamische Temperatur, Stoffmenge und Lichtstärke (*siehe* II.1, S. 3).

Die 11. CGPM (1960) nahm mit ihrer Resolution 12 den Namen *Internationales Einheitensystem* (Système International d'Unités) mit dem internationalen Symbol SI für dieses praktische Einheitensystem an und gab Regeln für die Anwendung der Vorsätze (*siehe* III.1, S. 13), für die abgeleiteten Einheiten und die ergänzenden Einheiten (*siehe* II.2, S. 8 und II.3, S. 12) sowie weitere Hinweise und führte damit eine Gesamtregelung für Einheiten im Meßwesen ein.

In der vorliegenden Schrift werden die Bezeichnungen „SI-Einheiten" (unités SI), „SI-Vorsätze" (préfixes SI) und „ergänzende Einheiten" (unités supplémentaires) in Übereinstimmung mit der Empfehlung 1 (1969) des CIPM gebraucht.

I.2 Die drei Klassen von SI-Einheiten

Im Internationalen Einheitensystem unterscheidet man drei Klassen von SI-Einheiten:

Basiseinheiten,
abgeleitete Einheiten,
ergänzende Einheiten.

Wissenschaftlich gesehen ist diese Einteilung der SI-Einheiten in drei Klassen willkürlich, denn sie ist nicht eindeutig durch die Physik geboten.

In Anbetracht der Vorteile eines einzigen praktischen Einheitensystems für die internationalen Beziehungen, die Lehre und die wissenschaftliche Forschung in der ganzen Welt hat die Generalkonferenz jedoch entschieden, das Internationale Einheitensystem auf einer Auswahl von sieben wohldefinierten Einheiten aufzubauen, die man nach Übereinkunft hinsichtlich ihrer Dimension als unabhängig voneinander betrachtet: dem Meter, dem Kilogramm, der Sekunde, dem Ampere, dem Kelvin, dem Mol und der Candela (*siehe* II.1, S. 3). Diese SI-Einheiten werden *Basiseinheiten* genannt.

Die zweite Klasse von SI-Einheiten enthält die *abgeleiteten Einheiten*, d.h. Einheiten, die durch Kombination von Basiseinheiten gemäß den gewählten algebraischen Beziehungen, die die zugehörigen Größen verknüpfen, gebildet werden. Einige dieser als Funktion der Basiseinheiten gebildeten algebraischen Ausdrücke können durch besondere Namen und Einheitenzeichen ersetzt werden; diese dürfen ihrerseits wieder für die Bildung weiterer abgeleiteter Einheiten benutzt werden (*siehe* II.2, S. 8).

Obwohl angenommen werden könnte, daß die SI-Einheiten somit entweder Basiseinheiten oder abgeleitete Einheiten wären, ließ die 11. CGPM (1960) noch eine dritte Klasse von SI-Einheiten zu, *ergänzende Einheiten* benannt, für die sie nicht entschieden hat, ob es sich bei ihnen um Basiseinheiten oder um abgeleitete Einheiten handelt (*siehe* II.3, S. 12).

Die SI-Einheiten dieser drei Klassen bilden eine kohärente Gesamtheit in dem gewöhnlich unter dem Ausdruck „kohärentes Einheitensystem" verstandenen Sinne.

Die dezimalen Vielfachen und Teile der SI-Einheiten, die mit SI-Vorsätzen gebildet werden, sind mit ihrem vollen Namen „[dezimale]* Vielfache und Teile der SI-Einheiten" zu bezeichnen, wenn zwischen ihnen und der kohärenten Gesamtheit der SI-Einheiten unterschieden werden soll.

---

* In der Übersetzung hinzugefügt.

II SI-Einheiten

II.1 SI-Basiseinheiten

1. Definitionen

a) Einheit der Länge (Meter)

Die 11. CGPM (1960) ersetzte die auf dem Internationalen Platin-Iridium-Prototyp beruhende Definition des Meter, die seit 1889 galt und 1927 ergänzt worden war, durch die folgende Definition:

Das Meter ist das 1 650 763,73fache der Wellenlänge der vom Atom des Nuklids ^{86}Kr *beim Übergang vom Zustand* $5d_5$ *zum Zustand* $2p_{10}$ *ausgesandten, sich im Vakuum ausbreitenden Strahlung* (11. CGPM (1960), Resolution 6).

Das alte Internationale Meterprototyp, das von der 1. CGPM im Jahre 1889 als solches bestimmt worden war, wird weiterhin im Internationalen Büro für Maß und Gewicht unter den gleichen Bedingungen aufbewahrt, wie sie 1889 festgelegt worden sind.

b) Einheit der Masse (Kilogramm)

Das Internationale Kilogrammprototyp wurde von der 1. CGPM (1889) bestätigt, die erklärte, daß *dieses Prototyp von nun an die Einheit der Masse darstellt.*

Zur Beendigung des mehrdeutigen Gebrauchs des Wortes „Gewicht" erklärte die 3. CGPM (1901), daß *das Kilogramm die Einheit der Masse* (und nicht des Gewichts oder der Kraft) *ist; es ist gleich der Masse des Internationalen Kilogrammprototyps* (siehe den vollständigen Wortlaut, Seite 23).

Dieses Internationale Prototyp aus Platin-Iridium wird im Internationalen Büro unter den hierfür von der 1. CGPM im Jahre 1889 festgelegten Bedingungen aufbewahrt.

c) Einheit der Zeit (Sekunde)

Nach der ursprünglichen Definition war die Sekunde, die Einheit der Zeit, der 86 400ste Teil des mittleren Sonnentages. Eine genaue Definition des „mittleren Sonnentages" blieb den Astronomen überlassen; ihre Messungen ergaben jedoch, daß der mittlere Sonnentag infolge der ungleichförmigen Erdrotation nicht die gewünschte Genauigkeit garantierte. Um die Einheit der Zeit genauer zu definieren, nahm die 11. CGPM (1960) eine von der Internationalen Astronomischen Union gegebene Definition an, die auf dem tropischen Jahr beruhte. Zur gleichen Zeit ergaben bereits experimentelle Untersuchungen, daß ein auf einem Übergang zwischen zwei Energieniveaus eines Atoms oder Moleküls beruhendes atomares Zeitintervall-Normal mit einer viel geringeren Unsicherheit realisiert und reproduziert werden kann. Weil eine sehr genaue Definition der Zeiteinheit des Internationalen Einheitensystems, der Sekunde, für die Anforderungen in der Metrologie hoher Präzision unerläßlich geworden ist, hat die 13. CGPM (1967) entschieden, die bisherige Definition der Sekunde durch die folgende zu ersetzen:

Die Sekunde ist das 9 192 631 770fache der Periodendauer der dem Übergang zwischen den beiden Hyperfeinstrukturniveaus des Grundzustandes des Atoms des Nuklids ^{133}Cs *entsprechenden Strahlung* (13. CGPM (1967), Resolution 1).

d) Einheit der elektrischen Stromstärke (Ampere)

Sogenannte „internationale" elektrische Einheiten für die Stromstärke und für den Widerstand waren vom Internationalen Elektrizitätskongreß 1893 in Chicago eingeführt und die Definitionen für das „internationale" Ampere und das „internationale" Ohm durch die Internationale Konferenz von London 1908 bestätigt worden.

Obwohl bei der 8. CGPM (1933) bereits die einhellige Meinung, diese „internationalen" durch die sogenannten „absoluten" Einheiten zu ersetzen, klar zutage trat, wurde die offizielle Entscheidung, die „internationalen" Einheiten abzuschaffen, erst von der 9. CGPM (1948) getroffen, die für das Ampere, die Einheit der elektrischen Stromstärke, die folgende Definition annahm:

Das Ampere ist die Stärke eines konstanten elektrischen Stromes, der, durch zwei parallele, geradlinige, unendlich lange und im Vakuum im Abstand von 1 Meter voneinander angeordnete Leiter von vernachlässigbar kleinem, kreisförmigem Querschnitt fließend, zwischen diesen Leitern je 1 Meter Leiterlänge die Kraft 2×10^{-7} *Newton hervorrufen würde* [CIPM (1946), Resolution 2, gebilligt durch die 9. CGPM (1948)].

Der Ausdruck „MKS-Einheit der Kraft", der im Originaltext steht, ist hier durch das von der 9. CGPM (1948, Resolution 7), angenommene „Newton" ersetzt worden.

e) Einheit der thermodynamischen Temperatur (Kelvin)

Die Definition der Einheit der thermodynamischen Temperatur ist de facto durch die 10. CGPM (1954, Resolution 3) gegeben worden, die den Tripelpunkt des Wassers als fundamentalen Fixpunkt gewählt hat und ihm per definitionem die Temperatur 273,16 K zuordnete. Die 13. CGPM (1967, Resolution 3) nahm den Namen *Kelvin* (Einheitenzeichen: K) anstelle des „Grad Kelvin" (Einheitenzeichen: °K) an und formulierte in ihrer Resolution 4 die Definition der Einheit der thermodynamischen Temperatur wie folgt:

Das Kelvin, die Einheit der thermodynamischen Temperatur, ist der 273,16te Teil der thermodynamischen Temperatur des Tripelpunktes des Wassers.

Die 13. CGPM (1967, Resolution 3) entschied weiterhin, daß sowohl Temperaturintervalle als auch Temperaturdifferenzen in der Einheit Kelvin mit ihrem Einheitenzeichen K angegeben werden.

Anmerkung. – Neben der thermodynamischen Temperatur (Formelzeichen: T), ausgedrückt in Kelvin, wird auch die Celsius-Temperatur (Formelzeichen: t) benutzt, die durch die Gleichung

$$t = T - T_0$$

definiert ist, wobei $T_0 = 273{,}15$ K per definitionem ist. Die Einheit „Grad Celsius" ist gleich der Einheit „Kelvin", aber „Grad Celsius" ist ein spezieller Name anstelle von „Kelvin", wenn die Celsius-Temperatur angegeben wird, und ein Celsius-Temperaturintervall oder eine Celsius-Temperaturdifferenz dürfen auch in Grad Celsius angegeben werden.

f) Einheit der Stoffmenge (Mol)

Seit der Entdeckung der grundlegenden Gesetze der Chemie sind zur Angabe der Menge der verschiedenen Elemente oder Verbindungen Einheiten der Stoffmenge benutzt worden, die beispielsweise Namen wie „Grammatom" und „Gramm-Molekül" trugen. Diese Einheiten waren unmittelbar mit den „Atomgewichten" oder „Molekulargewichten" verknüpft, die in Wirklichkeit relative Massen waren. Die „Atomgewichte" wurden früher auf dasjenige des chemischen Elementes Sauerstoff (vereinbarter Wert: 16) bezogen. Während jedoch die Physiker die Isotope im Massenspektrographen trennten und einem der Sauerstoffisotope den Wert 16 zuordneten, ordneten die Chemiker denselben Wert dem (leicht veränderlichen) Gemisch der Isotope ^{16}O, ^{17}O und ^{18}O zu, das für sie das „natürliche Element" Sauerstoff war. Eine Vereinbarung zwischen der Internationalen Union für reine und angewandte Physik (International Union of Pure and Applied Physics – IUPAP) und der Internationalen Union für reine und angewandte Chemie (International Union of Pure and Applied Chemistry – IUPAC) beendete 1959/60 diese Dualität. Seitdem haben sich Physiker und Chemiker geeinigt, dem Kohlenstoffisotop ^{12}C den Wert 12 zuzuordnen. Die so vereinheitlichte Skala gibt die Werte der „relativen Atommassen" an.

Nun war noch die Einheit für die Stoffmenge zu definieren, indem die entsprechende Masse von Kohlenstoff ^{12}C festgesetzt wurde; nach internationaler Übereinkunft wurde die Masse zu 0,012 kg festgesetzt und der Einheit der Größe „Stoffmenge“ [1]) der Name *Mol* (Einheitenzeichen: mol) gegeben.

Den Vorschlägen der IUPAP, der IUPAC und der ISO folgend hat das CIPM eine Definition des Mol 1967 gegeben und 1969 bestätigt, die schließlich von der 14. CGPM (1971, Resolution 3) angenommen wurde:

1. *Das Mol ist die Stoffmenge eines Systems, das aus ebensoviel Einzelteilchen besteht, wie Atome in 0,012 Kilogramm des Kohlenstoffnuklids* ^{12}C *enthalten sind.*

2. *Bei Benutzung des Mol müssen die Einzelteilchen spezifiziert sein und können Atome, Moleküle, Ionen, Elektronen sowie andere Teilchen oder Gruppen solcher Teilchen genau angegebener Zusammensetzung sein.*

Diese Definition des Mol präzisiert zugleich die Art der Größe, deren Einheit das Mol ist.

g) Einheit der Lichtstärke (Candela)

Die auf Flammen- oder Glühdraht-Normalen beruhenden Einheiten der Lichtstärke, die in verschiedenen Ländern in Gebrauch waren, wurden 1948 durch die „Neue Kerze“ ersetzt. Diese Entscheidung, die von der Internationalen Beleuchtungskommission und dem Internationalen Komitee für Maß und Gewicht schon vor 1937 vorbereitet worden war, wurde vom Internationalen Komitee auf Grund der ihm durch die 8. CGPM im Jahre 1933 erteilten Vollmacht auf seiner Sitzung im Jahre 1946 getroffen. Die 9. CGPM (1948) hat die Entscheidung des Internationalen Komitees bestätigt und zur Bezeichnung der Einheit der Lichtstärke einen neuen, international geltenden Namen, die *Candela* (Einheitenzeichen: cd), angenommen. Der 1967 geänderte Wortlaut der Definition der Candela lautet:

Die Candela ist die Lichtstärke in senkrechter Richtung von einer 1/600 000 Quadratmeter großen Oberfläche eines Schwarzen Strahlers bei der Temperatur des beim Druck 101 325 Newton durch Quadratmeter erstarrenden Platins (13. CGPM (1967), Resolution 5).

---

[1]) Der von der IUPAP, der IUPAC und von der ISO angenommene Name dieser Größe ist im Französischen „quantité de matière“ und im Englischen „amount of substance“; (die Übersetzung in das Deutsche und in das Russische sind „Stoffmenge“ und "количество вещества"). Der französische Name erinnert an „quantitas materiae“, das in der Vergangenheit für die Größe benutzt wurde, die heute Masse heißt; diese alte Bedeutung muß man vergessen, denn Masse und Stoffmenge sind zwei ganz verschiedene Größen.

2. *Einheitenzeichen*

Die Basiseinheiten des Internationalen Einheitensystems sind mit ihren Namen und ihren Einheitenzeichen in Tabelle 1 zusammengestellt (10. CGPM (1954), Resolution 6; 11. CGPM (1960), Resolution 12; 13. CGPM (1967), Resolution 3; 14. CGPM (1971), Resolution 3).

Tabelle 1. *SI-Basiseinheiten*

Größe	SI-Basiseinheit	
	Name	Einheitenzeichen
Länge	Meter	m
Masse	Kilogramm	kg
Zeit	Sekunde	s
elektrische Stromstärke	Ampere	A
thermodynamische Temperatur	Kelvin	K
Stoffmenge	Mol	mol
Lichtstärke	Candela	cd

Allgemeine Regeln für die Schreibweise der Einheitenzeichen hatte schon die 9. CGPM (1948), Resolution 7, angenommen:

Die Einheitenzeichen werden in steiler Schrift, im allgemeinen in kleinen Buchstaben, dargestellt; wenn sich jedoch die Einheitenzeichen von einem Eigennamen herleiten, werden [für den ersten Buchstaben] Großbuchstaben benutzt. Auf Einheitenzeichen folgt kein Punkt.

Die Einheitenzeichen bleiben im Plural unverändert.

II.2 Abgeleitete SI-Einheiten

1. Benennungen

Die abgeleiteten Einheiten werden, ausgehend von den Basiseinheiten, als algebraische Ausdrücke unter Benutzung der mathematischen Zeichen für Multiplikation und Division dargestellt. Verschiedene abgeleitete Einheiten haben einen besonderen Namen und ein besonderes Einheitenzeichen erhalten, die ihrerseits dazu verwendet werden können, weitere abgeleitete Einheiten auf einfachere Weise zu bilden, als wenn man von den Basiseinheiten ausgeht.

Man kann somit die abgeleiteten Einheiten in drei Gruppen einteilen. Einige dieser Einheiten sind jeweils in den Tabellen 2, 3 und 4 aufgeführt.

Tabelle 2. *Beispiele für abgeleitete SI-Einheiten, die durch Basiseinheiten ausgedrückt werden*

Größe	SI-Einheit	
	Name	Einheitenzeichen
Fläche	Quadratmeter	m^2
Volumen	Kubikmeter	m^3
Geschwindigkeit	Meter durch Sekunde	m/s
Beschleunigung	Meter durch Sekundenquadrat	m/s^2
Wellenzahl	reziprokes Meter	m^{-1}
Dichte	Kilogramm durch Kubikmeter	kg/m^3
elektrische Stromdichte	Ampere durch Quadratmeter	A/m^2
magnetische Feldstärke	Ampere durch Meter	A/m
Stoffmengenkonzentration	Mol durch Kubikmeter	mol/m^3
spezifisches Volumen	Kubikmeter durch Kilogramm	m^3/kg
Leuchtdichte	Candela durch Quadratmeter	cd/m^2

Tabelle 3. *Abgeleitete SI-Einheiten, die einen besonderen Namen haben*

Größe	SI-Einheit			
	Name	Einheitenzeichen	durch andere SI-Einheiten ausgedrückt	durch SI-Basiseinheiten ausgedrückt
Frequenz	Hertz	Hz		s^{-1}
Kraft	Newton	N		$m \cdot kg \cdot s^{-2}$
Druck, Spannung	Pascal	Pa	N/m^2	$m^{-1} \cdot kg \cdot s^{-2}$
Energie, Arbeit, Wärmemenge	Joule	J	$N \cdot m$	$m^2 \cdot kg \cdot s^{-2}$
Leistung, Energiestrom	Watt	W	J/s	$m^2 \cdot kg \cdot s^{-3}$
Elektrizitätsmenge, elektrische Ladung	Coulomb	C		$s \cdot A$
elektrisches Potential, elektrische Spannung, elektromotorische Kraft	Volt	V	W/A	$m^2 \cdot kg \cdot s^{-3} \cdot A^{-1}$
elektrische Kapazität	Farad	F	C/V	$m^{-2} \cdot kg^{-1} \cdot s^4 \cdot A^2$
elektrischer Widerstand	Ohm	Ω	V/A	$m^2 \cdot kg \cdot s^{-3} \cdot A^{-2}$
elektrischer Leitwert	Siemens	S	A/V	$m^{-2} \cdot kg^{-1} \cdot s^3 \cdot A^2$
magnetischer Fluß	Weber	Wb	$V \cdot s$	$m^2 \cdot kg \cdot s^{-2} \cdot A^{-1}$
magnetische Flußdichte, Induktion	Tesla	T	Wb/m^2	$kg \cdot s^{-2} \cdot A^{-1}$
Induktivität	Henry	H	Wb/A	$m^2 \cdot kg \cdot s^{-2} \cdot A^{-2}$
Celsius-Temperatur ([a])	Grad Celsius	°C		K
Lichtstrom	Lumen	lm		$cd \cdot sr$ ([b])
Beleuchtungsstärke	Lux	lx	lm/m^2	$m^{-2} \cdot cd \cdot sr$ ([b])
Aktivität (radioaktive)	Becquerel	Bq		s^{-1}
Energiedosis	Gray	Gy	J/kg	$m^2 \cdot s^{-2}$

([a]) siehe S. 5

([b]) In diesen beiden Ausdrücken wird der Steradiant (sr) wie eine Basiseinheit behandelt.

Tabelle 4. *Beispiele für abgeleitete SI-Einheiten, die mit Hilfe von besonderen Namen ausgedrückt werden*

Größe	SI-Einheit		
	Name	Einheitenzeichen	durch SI-Basiseinheiten ausgedrückt
dynamische Viskosität	Pascalsekunde	$Pa \cdot s$	$m^{-1} \cdot kg \cdot s^{-1}$
Moment einer Kraft	Newtonmeter	$N \cdot m$	$m^2 \cdot kg \cdot s^{-2}$
Oberflächenspannung	Newton durch Meter	N/m	$kg \cdot s^{-2}$
Wärmestromdichte, Bestrahlungsstärke	Watt durch Quadratmeter	W/m^2	$kg \cdot s^{-3}$
Wärmekapazität, Entropie	Joule durch Kelvin	J/K	$m^2 \cdot kg \cdot s^{-2} \cdot K^{-1}$
spezifische Wärmekapazität, spezifische Entropie	Joule durch Kilogramm-Kelvin	$J/(kg \cdot K)$	$m^2 \cdot s^{-2} \cdot K^{-1}$
spezifische Energie	Joule durch Kilogramm	J/kg	$m^2 \cdot s^{-2}$
Wärmeleitfähigkeit	Watt durch Meter-Kelvin	$W/(m \cdot K)$	$m \cdot kg \cdot s^{-3} \cdot K^{-1}$
Energiedichte	Joule durch Kubikmeter	J/m^3	$m^{-1} \cdot kg \cdot s^{-2}$
elektrische Feldstärke	Volt durch Meter	V/m	$m \cdot kg \cdot s^{-3} \cdot A^{-1}$
elektrische Ladungsdichte	Coulomb durch Kubikmeter	C/m^3	$m^{-3} \cdot s \cdot A$
elektrische Flußdichte, Verschiebung	Coulomb durch Quadratmeter	C/m^2	$m^{-2} \cdot s \cdot A$
Permittivität	Farad durch Meter	F/m	$m^{-3} \cdot kg^{-1} \cdot s^4 \cdot A^2$
Permeabilität	Henry durch Meter	H/m	$m \cdot kg \cdot s^{-2} \cdot A^{-2}$
molare Energie	Joule durch Mol	J/mol	$m^2 \cdot kg \cdot s^{-2} \cdot mol^{-1}$
molare Entropie, molare Wärmekapazität	Joule durch Mol-Kelvin	$J/(mol \cdot K)$	$m^2 \cdot kg \cdot s^{-2} \cdot K^{-1} \cdot mol^{-1}$
Ionendosis (Röntgen- und γ-Strahlen)	Coulomb durch Kilogramm	C/kg	$kg^{-1} \cdot s \cdot A$
Energiedosisleistung	Gray durch Sekunde	Gy/s	$m^2 \cdot s^{-3}$

Obwohl eine abgeleitete Einheit unter Benutzung der Namen der Basiseinheiten und unter Benutzung der besonderen Namen von abgeleiteten Einheiten auf mehrere Arten ausgedrückt werden kann, hat das CIPM keine Einwendungen gegen die Benutzung bestimmter besonderer Namen oder bestimmter Kombinationen zum Zwecke der leichteren Unterscheidung zwischen Größen gleicher Dimension; beispielsweise

werden das Hertz gegenüber der reziproken Sekunde für die Frequenz, und das Newtonmeter gegenüber dem Joule für das Moment einer Kraft bevorzugt.
Im Bereich der ionisierenden Strahlung bevorzugt man ebenso das Becquerel gegenüber der reziproken Sekunde für die Aktivität, und das Gray gegenüber dem Joule durch Kilogramm für die spezifische Energie, das Kerma, die Energiedosis und für den Energiedosisindex.

Anmerkung. – Die Werte der sogenannten „dimensionslosen" Größen, wie beispielsweise der Brechzahl, der Permeabilitätszahl oder der Permittivitätszahl, werden als reine Zahlen angegeben. Die entsprechende SI-Einheit ist in solchen Fällen das Verhältnis zweier gleicher SI-Einheiten und kann durch die Zahl 1 ausgedrückt werden.

2. *Empfehlungen*

Die Internationale Normenorganisation (International Organization for Standardization – ISO) hat zusätzliche Empfehlungen zur Vereinheitlichung der Art und Weise der Anwendung von Einheiten herausgegeben, besonders der Einheiten des Internationalen Einheitensystems (siehe die Reihe der Internationalen Normen ISO 31 und die Internationale Norm ISO 1000, die vom Technischen Komitee ISO/TC 12 „Größen, Einheiten, Symbole, Umrechnungsfaktoren und Umrechnungstafeln" erarbeitet wurden).

Aus diesen Empfehlungen folgt:

a) Das Produkt aus zwei oder mehreren Einheiten kann in einer der folgenden Weisen gekennzeichnet werden,

   zum Beispiel. N · m, N.m *oder* N m,

b) Wenn eine abgeleitete Einheit als Quotient aus zwei Einheiten gebildet wird, können der schräge Bruchstrich (/), der waagerechte Bruchstrich oder negative Potenzexponenten verwendet werden,

   zum Beispiel: m/s, $\frac{m}{s}$ *oder* $m \cdot s^{-1}$

c) Um jede Mehrdeutigkeit auszuschließen, darf niemals mehr als ein schräger Bruchstrich auf derselben Zeile verwendet werden, sofern nicht Klammern hinzugefügt werden. In komplizierten Fällen sollten negative Potenzexponenten oder Klammern verwendet werden,

   zum Beispiel: m/s^2 *oder* $m \cdot s^{-2}$
   $m \cdot kg/(s^3 \cdot A)$ $m \cdot kg \cdot s^{-3} \cdot A^{-1}$

   aber nicht: m/s/s
   $m \cdot kg/s^3/A$

II.3 Ergänzende SI-Einheiten

Für einige Einheiten des Internationalen Einheitensystems hat die Generalkonferenz nicht oder noch nicht entschieden, ob es sich bei ihnen um Basiseinheiten oder um abgeleitete Einheiten handelt. Diese SI-Einheiten sind in die dritte Klasse, die der „ergänzenden Einheiten", eingeordnet, und es bleibt freigestellt, sie entweder als Basiseinheiten oder als abgeleitete Einheiten zu behandeln.

Zu dieser Klasse von SI-Einheiten zählen gegenwärtig nur zwei geometrische Einheiten: die SI-Einheit des ebenen Winkels, der Radiant, und die SI-Einheit des räumlichen Winkels, der Steradiant (11. CGPM (1960), Resolution 12).

Tabelle 5. *Ergänzende SI-Einheiten*

Größe	SI-Einheit	
	Name	Einheitenzeichen
ebener Winkel	Radiant	rad
räumlicher Winkel	Steradiant	sr

Der Radiant ist der ebene Winkel zwischen zwei Radien eines Kreises, die aus dem Kreisumfang einen Bogen von der Länge des Radius ausschneiden.

Der Steradiant ist der räumliche Winkel, dessen Scheitelpunkt im Mittelpunkt einer Kugel liegt und der aus der Kugeloberfläche eine Fläche gleich der eines Quadrates von der Seitenlänge des Kugelradius ausschneidet.

(Internationale Norm ISO 31-I).

Die ergänzenden Einheiten werden auch zur Bildung von abgeleiteten Einheiten benutzt. Beispiele dafür enthält Tabelle 6.

Tabelle 6. *Beispiele für abgeleitete SI-Einheiten, die mit Hilfe von ergänzenden Einheiten ausgedrückt werden*

Größe	SI-Einheit	
	Name	Einheitenzeichen
Winkelgeschwindigkeit	Radiant durch Sekunde	rad/s
Winkelbeschleunigung	Radiant durch Sekundenquadrat	rad/s^2
Strahlstärke	Watt durch Steradiant	W/sr
Strahldichte	Watt durch Quadratmeter-Steradiant	$W \cdot m^{-2} \cdot sr^{-1}$

III Dezimale Vielfache und Teile von SI-Einheiten

III.1 SI-Vorsätze

Die 11. CGPM (1960, Resolution 12) hat eine erste Liste von Vorsätzen und Vorsatzzeichen zur Bildung von dezimalen Vielfachen und Teilen von SI-Einheiten angenommen. Die Vorsätze für 10^{-15} und 10^{-18} hat die 12. CGPM (1964, Resolution 8) hinzugefügt und diejenigen für 10^{15} und 10^{18} die 15. CGPM (1975, Resolution 10).

Tabelle 7. *SI-Vorsätze*

Faktor	Vorsatz	Vorsatzzeichen	Faktor	Vorsatz	Vorsatzzeichen
10^{18}	Exa	E	10^{-1}	Dezi	d
10^{15}	Peta	P	10^{-2}	Zenti	c
10^{12}	Tera	T	10^{-3}	Milli	m
10^{9}	Giga	G	10^{-6}	Mikro	μ
10^{6}	Mega	M	10^{-9}	Nano	n
10^{3}	Kilo	k	10^{-12}	Piko	p
10^{2}	Hekto	h	10^{-15}	Femto	f
10^{1}	Deka	da	10^{-18}	Atto	a

III.2 Empfehlungen

Die ISO hat empfohlen, die folgenden Regeln bei der Anwendung der SI-Vorsätze zu beachten:

a) Die Vorsatzzeichen sind steil zu drucken, ohne Zwischenraum zwischen dem Vorsatzzeichen und dem Einheitenzeichen.

b) Wenn an ein mit einem Vorsatzzeichen versehenes Einheitenzeichen ein Potenzexponent angefügt ist, bedeutet dies, daß das Vielfache oder der Teil der Einheit in die durch den Exponenten ausgedrückte Potenz erhoben ist,

zum Beispiel: $1\ \mathrm{cm}^3 = (10^{-2}\ \mathrm{m})^3 = 10^{-6}\ \mathrm{m}^3$
$1\ \mathrm{cm}^{-1} = (10^{-2}\ \mathrm{m})^{-1} = 10^2\ \mathrm{m}^{-1}$
$1\ \mu\mathrm{s}^{-1} = (10^{-6}\ \mathrm{s})^{-1} = 10^6\ \mathrm{s}^{-1}$

c) Zusammengesetzte Vorsätze, die durch Hintereinandersetzen mehrerer SI-Vorsätze gebildet worden sind, sind nicht zugelassen,

zum Beispiel: 1 nm *aber nicht:* 1 mμm

III.3 Das Kilogramm

Unter den Basiseinheiten des Internationalen Einheitensystems enthält als einzige die Einheit der Masse aus historischen Gründen bereits im Namen einen Vorsatz. Die Namen der dezimalen Vielfachen und Teile der Basiseinheit der Masse werden deshalb durch Hinzufügen der Vorsätze vor das Wort „Gramm“ gebildet (CIPM (1967), Empfehlung 2).

IV Einheiten außerhalb des Internationalen Einheitensystems

IV.1 Einheiten, die gemeinsam mit dem Internationalen Einheitensystem benutzt werden

Das CIPM (1969) hat anerkannt, daß die Benutzer des SI zusätzlich bestimmte Einheiten benötigen, die zwar zum Internationalen Einheitensystem systemfremd sind, jedoch eine beträchtliche Rolle spielen und weit verbreitet sind. Diese Einheiten sind in Tabelle 8 aufgeführt. Die Verbindung von Einheiten dieser Tabelle mit SI-Einheiten zur Bildung von zusammengesetzten Einheiten soll nur in begrenzten Fällen erfolgen, damit die Vorteile der Kohärenz der SI-Einheiten nicht verlorengehen.

Tabelle 8. *Einheiten, die gemeinsam mit dem Internationalen Einheitensystem benutzt werden*

Name	Einheitenzeichen	Beziehung zu den SI-Einheiten
Minute	min	1 min = 60 s
Stunde ([a])	h	1 h = 60 min = 3 600 s
Tag	d	1 d = 24 h = 86 400 s
Grad	°	$1° = (\pi/180)$ rad
Minute	′	$1' = (1/60)° = (\pi/10\,800)$ rad
Sekunde	″	$1'' = (1/60)' = (\pi/648\,000)$ rad
Liter ([b])	l	$1\ \text{l} = 1\ \text{dm}^3 = 10^{-3}\ \text{m}^3$
Tonne ([b])	t	$1\ \text{t} = 10^3$ kg

([a]) Die Einheitenzeichen dieser Einheiten sind in der Resolution 7 der 9. CGPM (1948) enthalten.

([b]) Diese Einheit und ihr Einheitenzeichen sind 1879 vom Internationalen Komitee angenommen worden (Procès-Verbaux CIPM, 1879, S. 41). Wenn die Gefahr einer Verwechslung zwischen dem Einheitenzeichen l für Liter und der Ziffer 1 besteht, kann man die Abkürzung „Ltr." verwenden oder ‚Liter" ausschreiben (CIPM, 1976). Die geltende Definition des Liter enthält die Resolution 6 der 12. CGPM (1964).

Desgleichen ist es notwendig, einige andere Einheiten außerhalb des Internationalen Einheitensystems zuzulassen, deren Verwendung in speziellen Gebieten zweckmäßig ist, weil ihre zahlenmäßige Beziehung zu den SI-Einheiten nur experimentell ermittelt und somit nicht durch einen genauen Wert angegeben werden kann (Tabelle 9).

Tabelle 9. *Einheiten, die gemeinsam mit dem Internationalen Einheitensystem benutzt werden und deren Beziehungen zu den SI-Einheiten experimentell ermittelt werden*

Name	Einheiten-zeichen	Definition
Elektronvolt	eV	([a])
(vereinheitlichte) atomare Masseneinheit	u	([b])
astronomische Einheit	([c])	([c])
Parsec	pc	([d])

([a]) Das Elektronvolt ist gleich der kinetischen Energie, die ein Elektron bei Durchlaufen einer Potentialdifferenz von 1 Volt im Vakuum gewinnt:

$1 \text{ eV} = 1{,}602\,189\,2 \times 10^{-19} \text{ J}.$

([b]) Die (vereinheitlichte) atomare Masseneinheit ist gleich dem 12ten Teil der Masse eines Atoms des Nuklids ^{12}C:

$1 \text{ u} = 1{,}660\,565\,5 \times 10^{-27} \text{ kg}.$

([c]) Diese Einheit hat kein internationales Einheitenzeichen: es werden Abkürzungen benutzt, z.B. AE im Deutschen, UA im Französischen, AU im Englischen, a.e.д im Russischen, usw.

Die astronomische Einheit der Entfernung ist gleich der Länge des Halbmessers der nichtgestörten Kreisbahn, auf der sich ein Körper von vernachlässigbarer Masse um die Sonne mit einer siderischen Winkelgeschwindigkeit von 0,017 202 098 950 Radiant durch Tag (der Tag zu 86 400 Ephemeridensekunden gerechnet) bewegt. In dem System von astronomischen Konstanten (1976) der Internationalen Astronomischen Union gilt die Beziehung:

$1 \text{ AE} = 149\,597{,}870 \times 10^{6} \text{ m}.$

([d]) Das Parsec ist gleich derjenigen Entfernung, von der aus die astronomische Einheit unter einem Winkel von 1″ erscheint:

$1 \text{ pc} = 206\,265 \text{ AE} = 30\,857 \times 10^{12} \text{ m}.$

IV.2 Vorübergehend zugelassene Einheiten

Das CIPM (1969) hielt es für angebracht, die in Tabelle 10 aufgeführten Einheiten zur Benutzung zusammen mit den Einheiten des Internationalen Einheitensystems vorübergehend beizubehalten, jedoch ausschließlich im Rahmen der derzeitigen Gewohnheiten. .

Tabelle 10. *Einheiten, die vorübergehend neben dem Internationalen Einheitensystem beibehalten werden*

Name	Einheitenzeichen	Beziehung zu den SI-Einheiten
Seemeile ([a])		1 Seemeile = 1 852 m
Knoten		1 Seemeile durch Stunde = (1 852/3 600) m/s
Ångström	Å	1 Å = 0,1 nm = 10^{-10} m
Ar ([b])	a	1 a = 1 dam^2 = 10^2 m^2
Hektar ([b])	ha	1 ha = 1 hm^2 = 10^4 m^2
Barn ([c])	b	1 b = 100 fm^2 = 10^{-28} m^2
Bar ([d])	bar	1 bar = 0,1 MPa = 10^5 Pa
physikalische Atmosphäre ([e])	atm	1 atm = 101 325 Pa
Gal ([f])	Gal	1 Gal = 1 cm/s^2 = 10^{-2} m/s^2
Curie ([g])	Ci	1 Ci = $3{,}7 \cdot 10^{10}$ Bq
Röntgen ([h])	R	1 R = $2{,}58 \cdot 10^{-4}$ C/kg
Rad ([i])	rad	1 rad = 1 cGy = 10^{-2} Gy

([a]) Die Seemeile ist eine spezielle Einheit zur Angabe von Entfernungen in der See- und Luftfahrt. Dieser konventionelle Wert wurde von der Ersten Außerordentlichen Hydrographischen Konferenz, Monaco 1929, unter dem Namen „Internationale Seemeile" angenommen.

([b]) Diese Einheit und ihr Einheitenzeichen sind 1879 vom Internationalen Komitee angenommen worden (*Procès-Verbaux CIPM*, 1879, S. 41).

([c]) Das Barn ist eine spezielle Einheit zur Angabe von Wirkungsquerschnitten in der Kernphysik.

([d]) Diese Einheit und ihr Einheitenzeichen sind in der Resolution 7 der 9. CGPM (1948) enthalten.

([e]) Resolution 4 der 10. CGPM (1954).

([f]) Das Gal ist eine spezielle Einheit zur Angabe von Fallbeschleunigungen in der Geodäsie und in der Geophysik.

([g]) Das Curie ist eine spezielle Einheit, die in der Kernphysik zur Angabe der Aktivität von Radionukliden benutzt wird (12. CGPM (1964), Resolution 7).

([h]) Das Röntgen ist eine spezielle Einheit zur Angabe der Ionendosis von Röntgen- oder γ-Strahlung.

([i]) Das Rad ist eine spezielle Einheit zur Angabe der Energiedosis von ionisierender Strahlung. Wenn Gefahr einer Verwechslung von rad mit dem Einheitenzeichen für Radiant besteht, kann man rd als Einheitenzeichen für Rad benutzen.

IV.3 CGS-Einheiten

Das CIPM hält es im allgemeinen für vorzuziehen, CGS-Einheiten mit besonderem Namen nicht zusammen mit den Einheiten des Internationalen Einheitensystems zu benutzen[2]). Solche Einheiten sind in Tabelle 11 aufgeführt.

Tabelle 11. *CGS-Einheiten mit besonderen Namen*

Name	Einheiten-zeichen	Beziehung zu den SI-Einheiten
Erg (^{a})	erg	1 erg = 10^{-7} J
Dyn (^{a})	dyn	1 dyn = 10^{-5} N
Poise (^{a})	P	1 P = 1 dyn · s/cm^2 = 0,1 Pa · s
Stokes	St	1 St = 1 cm^2/s = 10^{-4} m^2/s
Gauß (^{b})	Gs, G	1 Gs entspricht 10^{-4} T
Oersted (^{b})	Oe	1 Oe entspricht (1000/4π) A/m
Maxwell (^{b})	Mx	1 Mx entspricht 10^{-8} Wb
Stilb (^{a})	sb	1 sb = 1 cd/cm^2 = 10^4 cd/m^2
Phot	ph	1 ph = 10^4 lx

(^{a}) Diese Einheit und ihr Einheitenzeichen waren in der Resolution 7 der 9. CGPM (1948) enthalten.

(^{b}) Diese Einheit gehört zum sogenannten „elektromagnetischen" dreidimensionalen CGS-System und kann nicht unmittelbar mit der entsprechenden Einheit des Internationalen Einheitensystems, das bei gesonderter Betrachtung der elektrischen Größen vierdimensional ist, verglichen werden.

[2]) Das Internationale Einheitensystem und die in diesem Dokument enthaltenen Empfehlungen bezwecken eine bessere Einheitlichkeit und damit eine bessere gegenseitige Verständigung bei seiner allgemeinen Anwendung. Jedoch können in einigen Gebieten wissenschaftlicher Forschung, besonders in der theoretischen Physik, gute Gründe für den Gebrauch anderer Einheitensysteme oder anderer Einheiten bestehen.

Welche Einheiten es auch immer sein mögen, wichtig ist, daß die zu ihrer Darstellung benutzten Einheitenzeichen mit den geltenden internationalen Empfehlungen übereinstimmen.

IV.4 Sonstige Einheiten

Einheiten außerhalb des Internationalen Einheitensystems sind – soweit sie nicht in den Abschnitten IV.1, 2 und 3 aufgeführt sind – nach Auffassung des CIPM möglichst zu vermeiden und durch Einheiten des Internationalen Einheitensystems zu ersetzen. Einige solcher Einheiten enthält Tabelle 12.

Tabelle 12. *Andere, allgemein abzulehnende Einheiten*

Name	Beziehung zu den SI-Einheiten
Fermi	1 Fermi = 1 fm = 10^{-15} m
metrisches Karat ([a])	1 metrisches Karat = 200 mg = 2×10^{-4} kg
Torr	1 Torr = (101 325/760) Pa
Kilopond (kp)	1 kp = 9,806 65 N
Kalorie (cal)	1 cal = 4,186 8 J ([b])
Mikron (μ) ([c])	1 μ = 1 μm = 10^{-6} m
X-Einheit ([d])	
Ster (st) ([e])	1 st = 1 m^3
Gamma (γ)	1 γ = 1 nT = 10^{-9} T
γ ([f])	1 γ = 1 μg = 10^{-9} kg
λ ([g])	1 λ = 1 μl = 10^{-6} l = 10^{-9} m^3

([a]) Diese Benennung ist von der 4. CGPM (1907, S. 89–91) für den Handel mit Diamanten, echten Perlen und Edelsteinen angenommen worden.

([b]) Dieser Wert ist der der sogenannten IT-Kalorie (5. Internationale Dampftafel-Konferenz, London 1956).

([c]) Dieser Einheitenname und sein Einheitenzeichen, die 1879 vom Internationalen Komitee angenommen (*Procès-Verbaux, CIPM,* 1879, S. 41) und von der 9. CGPM (1948) in ihrer Resolution 7 bestätigt worden waren, sind von der 13. CGPM, (1967, Resolution 7) abgeschafft worden.

([d]) Diese spezielle Einheit wurde zur Angabe der Wellenlänge von Röntgenstrahlen benutzt:

1 X-Einheit = $1{,}002 \times 10^{-4}$ nm.

([e]) Diese spezielle, als Raummaß für Brennholz benutzte Einheit ist zusammen mit dem Einheitenzeichen „s" 1879 vom Internationalen Komitee angenommen worden (*Procès-Verbaux, CIPM,* 1879, S. 41). Die 9. CGPM (1948, Resolution 7) hat das Einheitenzeichen in „st" geändert.

([f]) Dieses Einheitenzeichen wird in den *Procès-Verbaux du CIPM,* 1880, S. 56, erwähnt.

([g]) Dieses Einheitenzeichen wird in den *Procès-Verbaux du CIPM,* 1880, S. 30, erwähnt.

Anhang I Beschlüsse der Generalkonferenz und des Internationalen Komitees für Maß und Gewicht

C.R.: *Comptes rendus des séances de la Conférence Générale des Poids et Mesures (CGPM).*

P.V.: *Procès-Verbaux des séances du Comité International des Poids et Mesures (CIPM).*

(Von den im Laufe der Jahre aufgehobenen, geänderten oder vervollständigten Beschlüssen sind die wichtigsten durch einen Stern * gekennzeichnet.)

1. CGPM, 1889

Meter
Kilogramm

– *Bestätigung der internationalen Prototype des Meter und des Kilogramm* (C.R., S. 34 bis 38)

Die Generalkonferenz,

in Erwägung,

daß aus der „Darlegung des Präsidenten des Internationalen Komitees“ und aus dem „Bericht des Internationalen Komitees für Maß und Gewicht“ hervorgeht, daß durch die gemeinsamen Bemühungen der französischen Sektion der Internationalen Meterkonvention und des Internationalen Komitees für Maß und Gewicht die metrologischen Fundamentalbestimmungen der internationalen und nationalen Prototype des Meter und des Kilogramm mit all der Zuverlässigkeit und Genauigkeit, die der augenblickliche Stand der Wissenschaft erlaubt, ausgeführt worden sind;

daß die internationalen und nationalen Prototype des Meter und des Kilogramm aus einer Platinlegierung mit einem auf 0,000 1 genauen Iridiumgehalt von 10 Prozent hergestellt sind;

daß die Länge des Internationalen Meterprototyps und die Masse des Internationalen Kilogrammprototyps gleich sind der Länge des Meter bzw. der Masse des Kilogramm, die in den französischen Staatsarchiven aufbewahrt werden;

daß die Bezugsgleichungen der nationalen Meterprototype zum Internationalen Meterprototyp innerhalb von 0,01 Millimeter liegen und daß diese Gleichungen sich auf die Temperaturskala des Wasserstoffthermometers beziehen, die wegen der Zustandsbeständigkeit des Wasserstoffs jederzeit reproduziert werden kann, sofern gleiche Versuchsbedingungen eingehalten werden;

daß die Bezugsgleichungen der nationalen Kilogrammprototype zum Internationalen Kilogrammprototyp innerhalb von 1 Milligramm liegen;

daß die internationalen Prototype des Meter und des Kilogramm sowie die nationalen Meter- und Kilogrammprototype die Bedingungen der Meterkonvention erfüllen,

bestätigt

A. Hinsichtlich der internationalen Prototype:

1. Das vom Internationalen Komitee ausgewählte Meterprototyp. Dieses Prototyp wird von nun an, bei der Temperatur des schmelzenden Eises, die metrische Einheit der Länge darstellen*.
2. Das vom Internationalen Komitee angenommene Kilogrammprototyp. Dieses Prototyp wird von nun an als Einheit der Masse angesehen werden.
3. Die hundertteilige Temperaturskala des Wasserstoffthermometers, auf die bezogen die Gleichungen der Meterprototype aufgestellt worden sind.

B. Hinsichtlich der nationalen Prototype:

. . . .

* Definition 1960 aufgehoben (siehe Seite 31: 11. CGPM, Resolution 6).

3. CGPM, 1901

Liter

– *Erklärung zur Definition des Liter* (C.R., S. 38)

. . . .

Die Konferenz erklärt:

1. Die Volumeneinheit für Bestimmungen hoher Genauigkeit ist das Volumen, das durch die Masse von 1 Kilogramm reinen Wassers von maximaler Dichte beim normalen atmosphärischen Druck eingenommen wird; dieses Volumen wird „Liter" genannt*.

2. . . . .

* Definition 1954 aufgehoben (siehe Seite 37: 12. CGPM, Resolution 6).

Masse und Gewicht g_n

– *Erklärung zur Einheit der Masse und zur Definition des Gewichts; konventioneller Wert von* g_n (C.R., S. 70)

Angesichts der Entscheidung des Internationalen Komitees für Maß und Gewicht vom 15. Oktober 1887, durch die das Kilogramm als Einheit der Masse[1]) definiert worden ist;

angesichts des Beschlusses, den die einstimmig von der Generalkonferenz für Maß und Gewicht in ihrer Sitzung vom 26. September 1889 angenommene Bestätigungsformel für die Prototype des metrischen Systems enthält;

in Erwägung der Notwendigkeit, der in der Praxis noch bestehenden Mehrdeutigkeit hinsichtlich der Bedeutung des Wortes *Gewicht* ein Ende zu setzen, das sowohl im Sinne einer *Masse* als auch im Sinne einer *mechanischen Kraft* verwendet wird;

erklärt die Konferenz:

„1. Das Kilogramm ist die Einheit der Masse; es ist gleich der Masse des Internationalen Kilogrammprototyps;

„2. Das Wort *Gewicht* bezeichnet eine Größe derselben Art wie eine *Kraft*; das Gewicht eines Körpers ist das Produkt aus der Masse des Körpers und der Fallbeschleunigung; insbesondere ist das Normgewicht eines Körpers das Produkt aus der Masse des Körpers und der Normfallbeschleunigung;

„3. der Wert der Normfallbeschleunigung, der vom Internationalen Dienst für Maß und Gewicht angenommen ist, beträgt $980{,}665\ cm/s^2$, ein Wert, der bereits in die Gesetzgebung einiger Staaten übernommen wurde“ [2]).

7. CGPM, 1927

Meter

– *Definition des Meter durch das Internationale Prototyp* (C.R., S. 49)

Die Einheit der Länge ist das Meter, definiert durch den bei 0° bestehenden Abstand der Strichmitten zweier mittlerer Strichmarken auf dem im Internationalen Büro für Maß und Gewicht aufbewahrten und durch die Erste Generalkonferenz für Maß und Gewicht als Prototyp des Meter erklärten Platin-Iridium-Stab, wobei dieser dem normalen atmosphärischen Druck unterworfen ist und auf zwei Rollen von mindestens ein Zentimeter Durchmesser aufliegt, die auf derselben horizontalen Ebene und in einem Abstand von 571 mm voneinander symmetrisch angeordnet sind *.

* Definition 1960 aufgehoben (siehe Seite 31: 11. CGPM, Resolution 6).

---

[1]) „Die Masse des internationalen Kilogramm wird als Einheit für den Internationalen Dienst für Maß und Gewicht benutzt“ (P.V., 1887, S. 88).

[2]) *Anmerkung des BIPM.* Dieser als Bezugswert vereinbarte „Normwert“ ($g_n = 9{,}806\,65\ m/s^2$), der für die Umrechnung von an einem bestimmten Ort der Erde ausgeführten Beobachtungen auf das Normgewicht verwendet werden soll, wurde 1913 durch die 5. CGPM erneut bestätigt (C.R., S. 44).

CIPM, 1946

Photometrische Einheiten

– *Definitionen der photometrischen Einheiten* (P.V., **20**, S. 119)

RESOLUTION [3])

. . . .

4. Die photometrischen Einheiten können wie folgt definiert werden:

Neue Kerze (Einheit der Lichtstärke). – Die Neue Kerze ist so festgelegt, daß die Leuchtdichte des Schwarzen Strahlers bei der Temperatur des erstarrenden Platins 60 Neue Kerzen durch Quadratzentimeter beträgt *.

Neues Lumen (Einheit des Lichtstroms). – Das Neue Lumen ist gleich dem Lichtstrom, den eine punktartige Lichtquelle von der Lichtstärke 1 Neue Kerze gleichmäßig nach allen Richtungen in die Raumwinkeleinheit (Steradiant) aussendet.

5. . . . .

* Definition 1967 aufgehoben (siehe Seite 40: 13. CGPM, Resolution 5).

Mechanische und elektrische Einheiten

– *Definitionen der elektrischen Einheiten* (P.V., **20**, S. 131)

RESOLUTION 2 [4])

. . . .

4. A) Definitionen der mechanischen Einheiten, die in den Definitionen der elektrischen Einheiten verwendet werden:

Einheit der Kraft. – Die Einheit der Kraft [im MKS-System (Meter, Kilogramm, Sekunde)] ist gleich der Kraft, die einer Masse von 1 Kilogramm die Beschleunigung 1 Meter durch Sekundenquadrat erteilt *.

* Für die MKS-Einheit der Kraft ist 1948 der Name „Newton" angenommen worden (siehe Anmerkung 4).

Joule (Einheit der Energie oder Arbeit). – Das Joule ist gleich der Arbeit, die verrichtet wird, wenn der Angriffspunkt von 1 MKS-Einheit der Kraft [Newton] sich um 1 Meter in Richtung der Kraft verschiebt.

---

[3]) Die beiden in dieser Resolution enthaltenen Definitionen sind von der 9. CGPM (1948) ratifiziert worden, die außerdem den der „Neuen Kerze" gegebenen Namen *Candela* gebilligt hat (C.R., S. 54).
Beim Lumen ist das Eigenschaftswort „neues" später weggelassen worden.

[4]) Die in dieser Resolution 2 enthaltenen Definitionen sind von der 9. CGPM (1948) gebilligt worden (C.R., S. 49), die außerdem den Namen „Newton" angenommen hat (Resolution 7).

Watt (Einheit der Leistung). – Das Watt ist gleich der Leistung, die in 1 Sekunde eine Energieerzeugung von 1 Joule bewirkt.

B) Definitionen der elektrischen Einheiten. Das [Internationale] Komitee nimmt die folgenden Vorschläge an, die den theoretischen Wert der elektrischen Einheiten definieren:

Ampere (Einheit der elektrischen Stromstärke). – Das Ampere ist die Stärke eines konstanten elektrischen Stromes, der, durch zwei parallele geradlinige, unendlich lange, und im Vakuum im Abstand von 1 Meter voneinander angeordnete Leiter von vernachlässigbar kleinem, kreisförmigem Querschnitt fließend, zwischen diesen Leitern je 1 Meter Leiterlänge eine Kraft von 2×10^{-7} MKS-Einheit der Kraft [Newton] hervorrufen würde.

Volt (Einheit der Potentialdifferenz und der elektromotorischen Kraft). – Das Volt ist gleich der elektrischen Potentialdifferenz zwischen zwei Punkten eines fadenförmigen Leiters, in dem bei einem zeitlich unveränderlichen elektrischen Strom der Stärke 1 Ampere zwischen den beiden Punkten die Leistung 1 Watt umgesetzt wird.

Ohm (Einheit des elektrischen Widerstands). – Das Ohm ist gleich dem elektrischen Widerstand zwischen zwei Punkten eines Leiters, wenn eine konstante Potentialdifferenz von 1 Volt zwischen diesen beiden Punkten in diesem Leiter einen Strom der Stärke 1 Ampere erzeugt, wobei dieser Leiter keine elektromotorische Kraft besitzen darf.

Coulomb (Einheit der Elektrizitätsmenge). – Das Coulomb ist gleich der Elektrizitätsmenge, die in 1 Sekunde von einem Strom der Stärke 1 Ampere transportiert wird.

Farad (Einheit der elektrischen Kapazität). – Das Farad ist gleich der Kapazität eines elektrischen Kondensators, zwischen dessen Belägen bei Aufladung mit der Elektrizitätsmenge 1 Coulomb die elektrische Spannung 1 Volt auftritt.

Henry (Einheit der elektrischen Induktivität). – Das Henry ist gleich der elektrischen Induktivität eines geschlossenen Stromkreises, in dem eine elektrische Spannung von 1 Volt induziert wird, wenn sich der elektrische Strom in diesem Kreis in 1 Sekunde gleichmäßig um 1 Ampere ändert.

Weber (Einheit des magnetischen Flusses). – Das Weber ist gleich dem eine einzige Windung durchsetzenden magnetischen Fluß, bei dessen zeitlich gleichmäßiger Abnahme während 1 Sekunde auf null in der ihn umschlingenden Windung die elektrische Spannung 1 Volt induziert wird.

9. CGPM, 1948

Thermodynamische Temperaturskala Einheit der Wärmemenge

– *Tripelpunkt des Wassers; thermodynamische Temperaturskala mit einem einzigen Fixpunkt; Einheit der Wärmemenge (Joule)* (C.R., S. 55 und S. 63)

RESOLUTION 3 [5])

1. Beim gegenwärtigen Stand der Technik kann der Tripelpunkt des Wassers als thermometrischer Bezugspunkt mit größerer Genauigkeit dargestellt werden als der Schmelzpunkt des Eises.

   Deshalb hält es das Comité Consultatif [de Thermométrie et Calorimétrie] für richtig, den Nullpunkt der in 100 Grad geteilten thermodynamischen Skala als die Temperatur, die 0,0100 Grad unterhalb des Tripelpunktes von reinem Wasser liegt, zu definieren.

2. Das Comité Consultatif [de Thermométrie et Calorimétrie] stimmt dem Prinzip einer absoluten thermodynamischen Skala mit nur einem, derzeit durch den Tripelpunkt von reinem Wasser dargestellten Fundamental-Fixpunkt zu, dessen absolute Temperatur später festgelegt werden soll.

   Die Einführung dieser neuen Skala beeinflußt in keiner Weise den Gebrauch der Internationalen Skala, die die empfohlene praktische Skala bleibt.

3. Die Einheit der Wärmemenge ist das Joule.

   Anmerkung. – Es wird empfohlen, die Ergebnisse kalorimetrischer Versuche sobald wie möglich in Joule anzugeben.

   Wenn Versuche durch Vergleich mit der Erwärmung von Wasser ausgeführt worden sind (und wenn man aus irgendeinem Grund die Benutzung der Kalorie nicht vermeiden kann), müssen alle für die Umrechnung in Joule notwendigen Angaben gemacht werden.

   Das Internationale Komitee soll nach Beratung durch das Comité Consultatif de Thermométrie eine Tabelle aufstellen mit den genauesten Werten in Joule durch Grad, die man aus Versuchen über die spezifische Wärmekapazität des Wassers ableiten kann.

Grad Celsius

– *Annahme des „Grad Celsius“*

Unter den drei Namen („Zentigrad“, „Zentesimalgrad“, „Grad Celsius“), die für die Bezeichnung des Temperaturgrades vorgeschlagen werden, hat das CIPM „Grad Celsius“ ausgewählt (P.V., 21, 1948, S. 88).

Dieser Name ist auch von der Generalkonferenz angenommen (C.R., S. 64).

---

[5]) Die drei in dieser Resolution 3 enthaltenen Vorschläge sind durch die Generalkonferenz angenommen worden.

Praktisches Einheitensystem

– *Vorschlag zur Aufstellung eines praktischen Einheitensystems* (C.R., S. 64)

RESOLUTION 6

Die Generalkonferenz,

in Erwägung,

daß das Internationale Komitee für Maß und Gewicht von der Internationalen Union für Physik aufgefordert wurde, für den internationalen Verkehr ein praktisches internationales Einheitensystem anzunehmen, und daß die Internationale Union für Physik das MKS-System und eine elektrische Einheit des absoluten praktischen Systems empfiehlt, ohne dabei zu empfehlen, daß das CGS-System von den Physikern aufgegeben werden sollte;

daß die Generalkonferenz selbst von der französischen Regierung eine ähnliche Aufforderung erhalten hat, zusammen mit einem Entwurf, der als Diskussionsbasis für die Aufstellung einer vollständigen Festlegung der Einheiten im Meßwesen dienen soll;

beauftragt das Internationale Komitee:

zu diesem Zweck eine offizielle Umfrage zur Erforschung der Meinung der Kreise der Wissenschaft, der Technik und des Unterrichts aller Länder durchzuführen (und ihnen hierzu das französische Dokument als Unterlage vorzulegen) und diese Umfrage wirksam zu fördern;

die Antworten zentral auszuwerten;

und Empfehlungen für die Aufstellung eines einzigen praktischen Einheitensystems, das von allen Signatarstaaten der Meterkonvention angenommen werden könnte, herauszugeben.

Einheitenzeichen und Zahlenwerte

– *Schreibweise von Einheitenzeichen und Zahlenwerten* (C.R., S. 70)

RESOLUTION 7

Grundsätze

Die Einheitenzeichen werden in steiler Schrift und im allgemeinen in kleinen Buchstaben gedruckt; dagegen werden steile Großbuchstaben benutzt, wenn Einheitenzeichen sich von Eigennamen herleiten. Auf die Einheitenzeichen folgt kein Punkt.

Bei Zahlenwerten werden das Komma (französischer Brauch) oder der Punkt (britischer Brauch) nur für die Trennung des ganzzahligen Teils vom dezimalen Teil des Zahlenwertes benutzt. Um das Lesen zu erleichtern, können die Zahlen in Gruppen von je drei Ziffern aufgeteilt werden. Die Gruppen werden unter keinen Umständen durch Punkte oder durch Kommata getrennt.

Einheiten	Einheiten-zeichen	Einheiten	Einheiten-zeichen
. Meter	m	Ampere	A
. Quadratmeter	m^2	Volt	V
. Kubikmeter	m^3	Watt	W
. My oder Mikron*	μ	Ohm	Ω
. Liter	l	Coulomb	C
.. Gramm	g	Farad	F
. Tonne	t	Henry	H
Sekunde	s	Hertz	Hz
Erg	erg	Poise	P
Dyn	dyn	Newton	N
Grad Celsius	°C	. Candela („Neue Kerze“)	cd
. Grad, absoluter**	°K	Lux	lx
Kalorie	cal	Lumen	lm
Bar	bar	Stilb	sb
Stunde	h		

* Einheit und Einheitenzeichen 1967 abgeschafft (siehe Seite 41: 13. CGPM, Resolution 7).

** Name und Einheitenzeichen 1967 abgeändert (siehe S. 39: 13. CGPM, Resolution 3).

Bemerkungen

I. Die Einheitenzeichen der durch einen vorgesetzten Punkt gekennzeichneten Einheiten sind schon früher durch einen Beschluß des Internationalen Komitees angenommen worden.

II. Das Einheitenzeichen für die Volumeneinheit Ster, die bei der Messung von Holz benutzt wird, soll „st“ und nicht mehr „s“, das für sie früher vom Internationalen Komitee festgelegt war, sein.

III. Wenn es sich nicht um eine Temperatur, sondern um ein Temperaturintervall oder eine -differenz handelt, soll das Wort „degré“ ausgeschrieben oder als Abkürzung „deg“* geschrieben werden.

*Siehe Seite 39 Resolution 3 der 13. CGPM, 1967.

10. CGPM, 1954

Thermodynamische Temperaturskala

– *Definition der thermodynamischen Temperaturskala* (C.R., S. 79)

RESOLUTION 3

Die Zehnte Generalkonferenz für Maß und Gewicht entscheidet, die thermodynamische Temperaturskala mit Hilfe des Tripelpunktes des Wassers als Fundamental-Fixpunkt zu definieren und seine Temperatur auf genau 273,16 Grad Kelvin festzulegen*.

* Siehe Seite 40 Resolution 4 der 13. CGPM, 1967.

Normalatmosphäre

– *Definition der Normalatmosphäre* (C.R., S. 79)

RESOLUTION 4

Die Zehnte Generalkonferenz für Maß und Gewicht hat festgestellt, daß die Definition der Normalatmosphäre, wie sie von der Neunten Generalkonferenz für Maß und Gewicht bei Definition der Internationalen Temperaturskala gegeben wurde, bei manchen Physikern den Eindruck erweckt hat, die Gültigkeit dieser Definition der Normalatmosphäre sei auf die Bedürfnisse der Präzisionsthermometrie beschränkt.

Die Generalkonferenz

erklärt, daß sie für alle Anwendungszwecke die Definition annimmt:

1 Normalatmosphäre = 1 013 250 Dyn durch Quadratzentimeter,
d.h. 101 325 Newton durch Quadratmeter.

Praktisches Einheitensystem

– *Praktisches Einheitensystem* (C.R., S. 80)

RESOLUTION 6

Die Zehnte Generalkonferenz für Maß und Gewicht,
entsprechend dem von der Neunten Generalkonferenz in ihrer Resolution 6 ausgedrückten Wunsch, ein im internationalen Verkehr anzuwendendes praktisches Einheitensystem aufzustellen,

entscheidet, die folgenden Einheiten als Basiseinheiten dieses Systems anzunehmen:

Länge	Meter
Masse	Kilogramm
Zeit	Sekunde
elektrische Stromstärke	Ampere
thermodynamische Temperatur	Grad Kelvin*
Lichtstärke	Candela

* Name 1967 geändert in „Kelvin" (siehe Seite 39: 13. CGPM, Resolution 3).

CIPM, 1956

Sekunde

– *Definition der Einheit der Zeit* (P.V., **25**, S. 77)

RESOLUTION 1

Das Internationale Komitee für Maß und Gewicht,

auf Grund der Ermächtigung, die ihm die Zehnte Generalkonferenz für Maß und Gewicht in ihrer Resolution 5 erteilt hat,

in Erwägung,

1. daß die Neunte Generalversammlung der Internationalen Astronomischen Union (Dublin, 1955) befürwortet, die Sekunde an das tropische Jahr anzuschließen;
2. daß nach den Beschlüssen der Achten Generalversammlung der Internationalen Astronomischen Union (Rom, 1952) die Sekunde der Ephemeridenzeit (EZ) das $\frac{12\,960\,276\,813}{408\,986\,496} \cdot 10^{-9}$fache des tropischen Jahres für 1900, Januar 0, 12 h EZ ist,

entscheidet

„Die Sekunde ist der 31 556 925,974 7te Teil des tropischen Jahres für 1900, Januar 0, 12 Uhr Ephemeridenzeit“*.

* Definition 1967 aufgehoben (siehe Seite 38: 13. CGPM, Resolution 1).

SI

– *Internationales Einheitensystem* (P.V., **25**, S. 83)

RESOLUTION 3

Das Internationale Komitee für Maß und Gewicht,

in Erwägung

des Auftrags, den ihm die Neunte Generalkonferenz für Maß und Gewicht in ihrer Resolution 6 erteilt hat, ein praktisches Einheitensystem aufzustellen, das von allen Signatarstaaten der Meterkonvention angenommen werden könnte,

der Gesamtheit der Dokumente, die von 21 Staaten als Antwort auf die von der Neunten Generalkonferenz für Maß und Gewicht vorgeschriebene Umfrage eingesandt wurden,

der Resolution 6 der Zehnten Generalkonferenz für Maß und Gewicht, in der die Basiseinheiten des aufzustellenden Systems festgelegt sind, *empfiehlt*

1. daß das auf den von der Zehnten Generalkonferenz angenommenen Basiseinheiten beruhende System als „Internationales Einheitensystem" bezeichnet werden soll; diese Basiseinheiten sind:

   [Es folgt die Tabelle der sechs Basiseinheiten mit ihren Einheitenzeichen, die in der Resolution 12 der 11. CGPM (1960) wiedergegeben ist.]

2. daß die in der folgenden Tabelle aufgeführten Einheiten dieses Systems verwendet werden sollen, ohne dadurch der Entscheidung über weitere Einheiten vorwegzugreifen, die später hinzugefügt werden könnten:

   [Es folgt die Tabelle der Einheiten, die in Nummer 4 der Resolution 12 der 11. CGPM (1960) wiedergegeben ist.]

11. CGPM, 1960

Meter

– *Definition des Meter* (C.R., S. 85)

RESOLUTION 6

Die Elfte Generalkonferenz für Maß und Gewicht,

in Erwägung,

daß das Internationale Prototyp das Meter nicht mehr mit einer für die gegenwärtigen Erfordernisse der Metrologie ausreichenden Genauigkeit definiert,

daß es andererseits wünschenswert ist, ein unzerstörbares Naturmaß anzunehmen,

entscheidet

1. Das Meter ist das 1 650 763,73fache der Wellenlänge der vom Atom des Nuklids ^{86}Kr beim Übergang vom Zustand $5d_5$ zum Zustand $2p_{10}$ ausgesandten, sich im Vakuum ausbreitenden Strahlung.
2. Die seit 1889 geltende Definition des Meter, die auf dem Internationalen Prototyp aus Platin-Iridium beruht, wird aufgehoben.
3. Das Internationale Meterprototyp, das 1889 von der Ersten Generalkonferenz für Maß und Gewicht bestätigt wurde, wird weiterhin im Internationalen Büro für Maß und Gewicht unter den 1889 festgelegten Bedingungen aufbewahrt.

RESOLUTION 7

Die Elfte Generalkonferenz für Maß und Gewicht

fordert das Internationale Komitee *auf,*

1. Regeln für die praktische Darstellung des Meter nach der neuen Definition aufzustellen[6]);
2. sekundäre Wellennormale für die interferentielle Längenmessung auszuwählen und Regeln für ihren Gebrauch aufzustellen;
3. die laufenden Arbeiten zur Verbesserung der Wellenlängennormale fortzusetzen.

Sekunde – *Definition der Einheit der Zeit* (C.R., S. 86)

RESOLUTION 9

Die Elfte Generalkonferenz für Maß und Gewicht,

in Erwägung

der Ermächtigung, die dem Internationalen Komitee für Maß und Gewicht von der Zehnten Generalkonferenz für Maß und Gewicht erteilt wurde, über die Definition der Basiseinheit der Zeit zu entscheiden,

der Entscheidung, die das Internationale Komitee für Maß und Gewicht bei seiner Tagung 1956 getroffen hat,

ratifiziert die folgende Definition:

„Die Sekunde ist der 31 556 925,974 7te Teil des tropischen Jahres für 1900, Januar 0, 12 Uhr Ephemeridenzeit“*.

* Definition 1967 aufgehoben (siehe Seite 38: 13. CGPM, Resolution 1).

6) Über die Empfehlungen, die hierzu vom CIPM angenommen wurden, vgl. Anhang II, S. 47

RESOLUTION 12

Die Elfte Generalkonferenz für Maß und Gewicht,

in Erwägung

der Resolution 6 der Zehnten Generalkonferenz für Maß und Gewicht, mit der sie die sechs Einheiten als Basis zur Aufstellung eines praktischen Einheitensystems für den internationalen Verkehr angenommen hat:

Länge	Meter	m
Masse	Kilogramm	kg
Zeit	Sekunde	s
elektrische Stromstärke	Ampere	A
thermodynamische Temperatur	Grad Kelvin	°K*
Lichtstärke	Candela	cd

der 1956 vom Internationalen Komitee für Maß und Gewicht angenommenen Resolution 3,

der 1958 vom Internationalen Komitee für Maß und Gewicht angenommenen Empfehlungen über die Abkürzung des Namens dieses Systems und über die Vorsätze für die Bildung der Vielfachen und Teile der Einheiten,

entscheidet

1. das System, das auf den obengenannten sechs Basiseinheiten beruht, erhält den Namen „Internationales Einheitensystem" **;
2. das internationale Symbol für den Namen dieses Systems ist: SI;
3. die Namen der Vielfachen und Teile der Einheiten werden mit Hilfe der folgenden Vorsätze gebildet ***:

* Name und Einheitenzeichen 1967 geändert (siehe Seite 39: 13. CGPM, Resolution 3).

** Eine siebente SI-Basiseinheit, das Mol, ist 1971 von der 14. CGPM (Resolution 3, siehe Seite 44) angenommen worden.

*** Siehe Seiten 38 und 46 die vier neuen Vorsätze, angenommen von der 12. CGPM (1964), Resolution 8, und von der 15. CGPM (1975), Resolution 10.

Faktor, mit dem die Einheit multipliziert wird	Vorsatz	Vorsatzzeichen
1 000 000 000 000 = 10^{12}	Tera	T
1 000 000 000 = 10^{9}	Giga	G
1 000 000 = 10^{6}	Mega	M
1 000 = 10^{3}	Kilo	k
100 = 10^{2}	Hekto	h
10 = 10^{1}	Deka	da
0,1 = 10^{-1}	Dezi	d
0,01 = 10^{-2}	Zenti	c
0,001 = 10^{-3}	Milli	m
0,000 001 = 10^{-6}	Mikro	μ
0,000 000 001 = 10^{-9}	Nano	n
0,000 000 000 001 = 10^{-12}	Piko	p

4. die in der folgenden Liste aufgeführten Einheiten werden in diesem System benutzt, ohne dadurch einer Entscheidung über weitere Einheiten vorzugreifen, die später hinzugefügt werden könnten:

	Ergänzende Einheiten	
ebener Winkel	Radiant	rad
Raumwinkel	Steradiant	sr

Abgeleitete Einheiten****

Fläche	Quadratmeter	m^2	
Volumen	Kubikmeter	m^3	
Frequenz	Hertz	Hz	1/s
Dichte	Kilogramm durch Kubikmeter	kg/m^3	
Geschwindigkeit	Meter durch Sekunde	m/s	
Winkelgeschwindigkeit	Radiant durch Sekunde	rad/s	
Beschleunigung	Meter durch Sekundenquadrat	m/s^2	
Winkelbeschleunigung	Radiant durch Sekundenquadrat	rad/s^2	
Kraft	Newton	N	$kg \cdot m/s^2$
Druck (mechanische Spannung)	Newton durch Quadratmeter	N/m^2	
kinematische Viskosität	Quadratmeter durch Sekunde	m^2/s	
dynamische Viskosität	Newtonsekunde durch Quadratmeter	$N \cdot s/m^2$	

Arbeit, Energie, Wärmemenge	Joule	J	N · m
Leistung	Watt	W	J/s
Elektrizitätsmenge	Coulomb	C	A · s
elektrische Spannung, elektrische Potentialdifferenz, elektromotorische Kraft	Volt	V	W/A
elektrische Feldstärke	Volt durch Meter	V/m	
elektrischer Widerstand	Ohm	Ω	V/A
elektrische Kapazität	Farad	F	A · s/V
magnetischer Fluß	Weber	Wb	V · s
Induktivität	Henry	H	V · s/A
magnetische Flußdichte	Tesla	T	Wb/m^2
magnetische Feldstärke	Ampere durch Meter	A/m	
magnetische Spannung	Ampere	A	
Lichtstrom	Lumen	lm	cd · sr
Leuchtdichte	Candela durch Quadratmeter	cd/m^2	
Beleuchtungsstärke	Lux	lx	lm/m^2

**** Siehe Seite 41 die weiteren Einheiten, angenommen von der 13. CGPM (1967), Resolution 6.

Kubikdezimeter und Liter

– *Kubikdezimeter und Liter* (C.R., S. 88)

RESOLUTION 13

Die Elfte Generalkonferenz für Maß und Gewicht,

in Erwägung,

daß das Kubikdezimeter und das Liter ungleich sind und sich um ungefähr 28 Millionstel unterscheiden,

daß die Bestimmungen physikalischer Größen, in die Volumenmessungen eingehen, eine ständig steigende Genauigkeit aufweisen, wodurch die Folgen einer möglichen Verwechslung von Kubikdezimeter und Liter schwerwiegender werden,

ersucht das Internationale Komitee für Maß und Gewicht, sich der Prüfung dieses Problems anzunehmen und seine Schlußfolgerungen der Zwölften Generalkonferenz vorzulegen.

CIPM, 1961

– *Kubikdezimeter und Liter* (P.V., **29**, S. 34)

EMPFEHLUNG

Das Internationale Komitee für Maß und Gewicht empfiehlt, Ergebnisse von Präzisionsmessungen des Volumens in Einheiten des Internationalen Systems und nicht in Liter anzugeben.

12. CGPM, 1964

Frequenznormal

– *Atomares Frequenznormal* (C.R., S. 93)

RESOLUTION 5

Die Zwölfte Generalkonferenz für Maß und Gewicht,

in Erwägung

der von der Elften Generalkonferenz für Maß und Gewicht in ihrer Resolution 10 festgestellten Dringlichkeit, für die Zwecke der Präzisionsmeßtechnik zu einem atomaren oder molekularen Zeitnormal zu gelangen,

daß trotz der Ergebnisse, die mit atomaren Cäsium-Frequenznormalen erzielt wurden, für die Generalkonferenz die Zeit noch nicht gekommen ist, eine neue Definition für die Sekunde als Basiseinheit des Internationalen Einheitensystems anzunehmen, weil neue und wichtige Fortschritte von laufenden Versuchen erwartet werden können,

aber auch in Erwägung, daß man nicht länger warten kann, atomare oder molekulare Frequenznormale zur Grundlage physikalischer Zeitmessungen zu machen,

ermächtigt das Internationale Komitee für Maß und Gewicht, atomare oder molekulare Frequenznormale vorläufig festzulegen,

ersucht die auf diesem Gebiet erfahrenen Organisationen und Laboratorien, die Versuche fortzusetzen, die zu einer Neudefinition der Sekunde führen können.

Erklärung des CIPM (1964) (P.V., **32**, S. 26 und C.R., S. 93)

Das Internationale Komitee für Maß und Gewicht,

ermächtigt durch die Resolution 5 der Zwölften Generalkonferenz für Maß und Gewicht, atomare oder molekulare Frequenznormale vorläufig für physikalische Zeitmessungen festzulegen, *erklärt,* daß das zu benutzende Normal der Übergang zwischen den Hyperfeinstrukturniveaus F = 4, M = 0 und F = 3, M = 0 des Grundzustandes $^2S_{1/2}$ von durch äußere Felder nicht gestörten Atomen des Nuklids ^{133}Cs ist und daß der Frequenz dieses Übergangs der Wert 9 192 631 770 Hertz zugeordnet wird.

Liter

– *Liter* (C.R., S. 93)

RESOLUTION 6

Die Zwölfte Generalkonferenz für Maß und Gewicht,

in Anbetracht der im Jahre 1960 von der Elften Generalkonferenz angenommenen Resolution 13 sowie der vom Internationalen Komitee für Maß und Gewicht bei seiner Tagung im Jahre 1961 angenommenen Empfehlung,

1. *hebt* die im Jahre 1901 von der Dritten Generalkonferenz für Maß und Gewicht gegebene Definition des Liter *auf,*
2. *erklärt,* daß das Wort „Liter" als ein besonderer Name für das Kubikdezimeter benutzt werden kann,
3. *empfiehlt,* daß der Name Liter bei Angabe der Ergebnisse von Volumenmessungen hoher Präzision nicht gebraucht werden sollte.

Curie

– *Curie* (C.R., S. 94)

RESOLUTION 7

Die Zwölfte Generalkonferenz für Maß und Gewicht,

in Erwägung, daß das Curie seit langem in vielen Ländern als Einheit der Aktivität der Radionuklide benutzt wird,

in Erkenntnis, daß im Internationalen Einheitensystem (SI) die Einheit dieser Aktivität die reziproke Sekunde (s^{-1})* ist,

läßt zu, daß das Curie noch als Einheit der Aktivität außerhalb des SI mit dem Wert $3{,}7 \cdot 10^{10}$ s^{-1} beibehalten wird. Sein Einheitenzeichen ist Ci.

*1975 ist der Name „Becquerel" (Bq) für die SI-Einheit der Aktivität angenommen worden (siehe Seite 45: 15. CGPM, Resolution 8); 1 Ci = $3{,}7 \times 10^{10}$ Bq

Femto, Atto — *SI-Vorsätze Femto und Atto* (C.R., S. 94)

RESOLUTION 8

Die Zwölfte Generalkonferenz für Maß und Gewicht

entscheidet, der von der Elften Generalkonferenz für Maß und Gewicht in ihrer Resolution 12 unter Nummer 3 angenommenen Liste der Vorsätze für die Bildung der Namen der Vielfachen und Teile von Einheiten die folgenden beiden Vorsätze hinzuzufügen:

Faktor, mit dem die Einheit multipliziert wird	Vorsatz	Vorsatzzeichen
10^{-15}	Femto	f
10^{-18}	Atto	a

13. CGPM, 1967–1968

Sekunde — *SI-Einheit der Zeit (Sekunde)* (C.R., S. 103)

RESOLUTION 1

Die Dreizehnte Generalkonferenz für Maß und Gewicht,

in Erwägung,

daß die Definition der Sekunde, die vom Internationalen Komitee für Maß und Gewicht bei seiner Tagung von 1956 beschlossen (Resolution 1) und durch die Resolution 9 der Elften Generalkonferenz (1960) ratifiziert, dann durch die Resolution 5 der Zwölften Generalkonferenz (1964) beibehalten worden ist, den derzeitigen Erfordernissen der Metrologie nicht mehr genügt,

daß in seiner Sitzungsperiode von 1964 das Internationale Komitee für Maß und Gewicht, ermächtigt durch die Resolution 5 der Zwölften Generalkonferenz (1964), um diesen Erfordernissen Rechnung zu tragen, ein atomares Cäsium-Frequenznormal zur vorläufigen Verwendung empfohlen hat,

daß dieses Frequenznormal jetzt ausreichend erprobt und als ausreichend genau anzusehen ist, um für eine Definition der Sekunde, die den derzeitigen Erfordernissen entspricht, zu dienen,

daß der Augenblick gekommen ist, die zur Zeit gültige Definition der Einheit der Zeit des Internationalen Einheitensystems durch eine auf diesem Normal beruhende atomare Definition zu ersetzen, *entscheidet,*

1. Die Einheit der Zeit des Internationalen Einheitensystems ist die mit folgendem Wortlaut definierte Sekunde:

   „Die Sekunde ist das 9 192 631 770fache der Periodendauer der dem Übergang zwischen den beiden Hyperfeinstrukturniveaus des Grundzustandes von Atomen des Nuklids ^{133}Cs entsprechenden Strahlung."

2. Die vom Internationalen Komitee für Maß und Gewicht bei seiner Tagung von 1956 angenommene Resolution 1 und die Resolution 9 der Elften Generalkonferenz für Maß und Gewicht sind aufgehoben.

Kelvin (Grad Celsius)

– *SI-Einheit der thermodynamischen Temperatur (Kelvin)* (C.R., S. 104)

RESOLUTION 3

Die Dreizehnte Generalkonferenz für Maß und Gewicht,

in Erwägung

der in der Resolution 7 der Neuten Generalkonferenz (1948), in der Resolution 12 der Elften Generalkonferenz (1960) und in der vom Internationalen Komitee für Maß und Gewicht im Jahre 1962 getroffenen Entscheidung (*Procès-Verbaux*, **30**, S. 27)[7]) enthaltenen Namen „Grad Kelvin" und „degrè" und der Einheitenzeichen „°K" und „deg" sowie ihrer Anwendungsregeln,

daß die Einheit der thermodynamischen Temperatur und die Einheit des Temperaturintervalls ein und dieselbe Einheit sind, die mit einem einzigen Namen und mit einem einzigen Einheitenzeichen bezeichnet werden sollte,

entscheidet

1. die Einheit der thermodynamischen Temperatur wird mit dem Namen „Kelvin" bezeichnet, und ihr Einheitenzeichen ist „K";
2. derselbe Name und dasselbe Einheitenzeichen werden zur Angabe eines Temperaturintervalls verwendet;

---

7) „1. Die Einheit Grad Kelvin (Einheitenzeichen: °K) kann sowohl für die Differenz zweier thermodynamischer Temperaturen als auch für die thermodynamische Temperatur selbst benutzt werden.

2. Wenn es notwendig ist, den Namen Kelvin zu unterdrücken, wird empfohlen, das internationale Einheitenzeichen „deg" für die Einheit der Temperaturdifferenz zu benutzen. (Das Einheitenzeichen „deg" wird z.B. auf französisch „degré", auf englisch „degree", auf deutsch „Grad", auf russisch „gradus" (градус) und auf holländisch „graad" gelesen)."

3. ein Temperaturintervall kann auch in Grad Celsius angegeben werden;

4. die in der ersten Erwägung aufgeführten Entscheidungen über den Namen der Einheit der thermodynamischen Temperatur, ihr Einheitenzeichen und die Bezeichnung der Einheit zur Angabe eines Temperaturintervalls oder einer Temperaturdifferenz sind aufgehoben, jedoch bleiben die Anwendungen, die sich aus diesen Entscheidungen entwickelt haben, vorläufig weiter erlaubt.

RESOLUTION 4

Kelvin

Die Dreizehnte Generalkonferenz für Maß und Gewicht,

in Erwägung, daß es von Nutzen ist, die in der Resolution 3 der Zehnten Generalkonferenz (1954) enthaltene Definition der Einheit der thermodynamischen Temperatur in einer eindeutigen Fassung zu formulieren,

entscheidet, diese Definition wie folgt zu formulieren:

> „Das Kelvin, die Einheit der thermodynamischen Temperatur, ist der 273,16te Teil der thermodynamischen Temperatur des Tripelpunktes des Wassers."

Candela

– *SI-Einheit der Lichtstärke (Candela)* (C.R., S. 104)

RESOLUTION 5

Die Dreizehnte Generalkonferenz für Maß und Gewicht,

in Erwägung

der Definition der Einheit der Lichtstärke, die in der „Resolution über den Wechsel der photometrischen Einheiten" (*Procès-Verbaux*, **20**, S. 119) enthalten ist, die vom Internationalen Komitee für Maß und Gewicht auf Grund der Ermächtigung durch die Achte Generalkonferenz (1933) angenommen und von der Neunten Generalkonferenz (1948) ratifiziert worden ist,

daß diese Definition den Betrag der Einheit der Lichtstärke ausreichend festlegt, jedoch hinsichtlich der Formulierung Kritiken zuläßt,

entscheidet, die Definition der Candela wie folgt zu formulieren:

> „Die Candela ist die Lichtstärke in senkrechter Richtung von einer 1/600 000 Quadratmeter großen Oberfläche eines Schwarzen Strahlers bei der Temperatur des beim Druck 101 325 Newton durch Quadratmeter erstarrenden Platins."

Abgeleitete SI-Einheiten

– *Abgeleitete SI-Einheiten* (C.R., S. 105)

RESOLUTION 6

Die Dreizehnte Generalkonferenz für Maß und Gewicht,

in Erwägung, daß es zweckmäßig ist, in der Liste der Nummer 4 der Resolution 12 der Elften Generalkonferenz (1960) weitere abgeleitete Einheiten aufzuführen,

entscheidet, dort hinzuzufügen:

Wellenzahl	reziprokes Meter	m^{-1}
Entropie	Joule durch Kelvin	J/K
spezifische Wärmekapazität	Joule durch Kilogramm-Kelvin	J/(kg · K)
Wärmeleitfähigkeit	Watt durch Meter-Kelvin	W/(m · K)
Strahlstärke	Watt durch Steradiant	W/sr
Aktivität (einer radioaktiven Quelle)	reziproke Sekunde	s^{-1} *

* Name und Einheitenzeichen 1975 geändert (siehe Seite 45: 15. CGPM, Resolution 8).

Mikron (μ) Neue Kerze

– *Aufhebung früherer Entscheidungen (Mikron, Neue Kerze)*

RESOLUTION 7

Die Dreizehnte Generalkonferenz für Maß und Gewicht,

in Erwägung, daß die später von der Generalkonferenz in Bezug auf das Internationale Einheitensystem getroffenen Entscheidungen einigen Teilen der Resolution 7 der Neunten Generalkonferenz (1948) widersprechen,

entscheidet deshalb, aus der Resolution 7 der Neunten Generalkonferenz zurückzuziehen:

1. den Namen der Einheit „Mikron" und das dieser Einheit zugeordnete Einheitenzeichen „μ", das ein Vorsatzzeichen geworden ist;
2. den Namen der Einheit „Neue Kerze".

CIPM, 1967

Vielfache des Kilogramm

– *Dezimale Vielfache und Teile der Einheit der Masse* (P.V., **35**, S. 29)

EMPFEHLUNG 2

Das Internationale Komitee für Maß und Gewicht,

in Erwägung, daß die Regel zur Bildung der Namen der dezimalen Vielfachen und Teile der Einheiten nach Nummer 3 der Resolution 12 der Elften Generalkonferenz (1960) zu unterschiedlichen Auslegungen hinsichtlich ihrer Anwendung auf die Einheit der Masse führen kann,

erklärt, daß die Anweisungen der Resolution 12 der Elften Generalkonferenz wie folgt auf das Kilogramm anzuwenden sind: die dezimalen Vielfachen und Teile der Einheit der Masse werden durch Anfügen der Vorsätze vor das Wort „Gramm" gebildet.

CIPM, 1969

SI

– *Internationales Einheitensystem; Richtlinien für die Anwendung der Resolution 12 der 11. CGPM (1960)* (P.V., 37, S. 30)

EMPFEHLUNG 1 (1969)

Das Internationale Komitee für Maß und Gewicht,

in Erwägung, daß die Resolution 12 der Elften Generalkonferenz für Maß und Gewicht (1960) über das Internationale Einheitensystem zu Diskussionen über einige Benennungen geführt hat,

erklärt

1. die Basiseinheiten, die ergänzenden Einheiten und die abgeleiteten Einheiten des Internationalen Einheitensystems, die eine kohärente Gesamtheit bilden, werden „SI-Einheiten" benannt;
2. die von der Generalkonferenz angenommenen Vorsätze zur Bezeichnung der dezimalen Vielfachen und Teile der SI-Einheiten werden „SI-Vorsätze" benannt;

und empfiehlt

3. die SI-Einheiten und ihre dezimalen Vielfachen und Teile, deren Namen mit Hilfe der SI-Vorsätze gebildet werden, zu benutzen.

Anmerkung. – Die Benennung „ergänzende Einheiten", die in der Resolution 12 der Elften Generalkonferenz für Maß und Gewicht (und in der hier vorliegenden Empfehlung) vorkommt, ist den SI-Einheiten gegeben worden, für die die Generalkonferenz noch nicht entschieden hat, ob es sich um Basiseinheiten oder aber um abgeleitete Einheiten handelt.

14. CGPM, 1971

Pascal
Siemens

– *Pascal; Siemens* (C.R., S. 78)

Die Vierzehnte Generalkonferenz für Maß und Gewicht hat die besonderen Namen „Pascal" (Einheitenzeichen: Pa) für die SI-Einheit Newton durch Quadratmeter und „Siemens" (Einheitenzeichen: S) für die SI-Einheit des elektrischen Leitwertes (reziprokes Ohm) angenommen.

TAI

– *Internationale Atomzeit; Rolle des CIPM* (C.R., S. 77)

RESOLUTION 1

Die Vierzehnte Generalkonferenz für Maß und Gewicht,

in Erwägung,

daß die Sekunde, die Zeiteinheit des Internationalen Einheitensystems, seit 1967 über eine atomare Eigenfrequenz definiert ist und nicht mehr über Zeitskalen, die aus astronomischen Bewegungsabläufen abgeleitet sind,

daß der Bedarf an einer Internationalen Atomzeitskala (TAI) eine Folge der atomaren Definition der Sekunde ist,

daß mehrere internationale Organisationen, besonders dank der ständigen Mitwirkung des Internationalen Büros für die Zeit (BIH), die Darstellung von Zeitskalen, die auf astronomischen Bewegungsabläufen beruhen, sichergestellt haben und dies weiterhin mit Erfolg tun,

daß das Internationale Büro für die Zeit damit begonnen hat, eine Atomzeitskala einzuführen, deren Güte anerkannt und deren Nützlichkeit erwiesen ist,

daß die der Realisierung der Sekunde dienenden atomaren Frequenznormale vom Internationalen Komitee für Maß und Gewicht mit Unterstützung durch ein beratendes Komitee aufmerksam beobachtet wurden und auch weiterhin beobachtet werden sollen und daß das Skalenmaß der Internationalen Atomzeitskala die in Übereinstimmung mit ihrer atomaren Definition realisierte Sekunde sein soll,

daß alle zuständigen internationalen wissenschaftlichen Organisationen und die auf diesem Gebiet tätigen nationalen Laboratorien den Wunsch geäußert haben, daß das Internationale Komitee und die Generalkonferenz für Maß und Gewicht eine Definition der Internationalen Atomzeit geben und zur Einführung der Internationalen Atomzeitskala beitragen, daß die Brauchbarkeit der Internationalen Atomzeit deren enge Koordinierung mit den auf astronomischen Bewegungsabläufen beruhenden Zeitskalen erfordert,

ersucht das Internationale Komitee für Maß und Gewicht,

1. eine Definition der Internationalen Atomzeit zu geben[8]);
2. in Übereinstimmung mit den interessierten internationalen Organisationen die erforderlichen Maßnahmen zu treffen, so daß die wissenschaftlichen Erkenntnisse und die zur Verfügung stehenden Hilfsmittel möglichst gut für die Darstellung der Internationalen Atomzeitskala genutzt und die Bedürfnisse der Benutzer der Internationalen Atomzeit befriedigt werden können.

Mol

– *SI-Einheit der Stoffmenge (Mol)* (C.R., S. 78)

RESOLUTION 3

Die Vierzehnte Generalkonferenz für Maß und Gewicht,

in Erwägung der Mitteilungen der Internationalen Union für reine und angewandte Physik, der Internationalen Union für reine und angewandte Chemie sowie der Internationalen Normenorganisation über die Notwendigkeit, eine Einheit der Stoffmenge zu definieren,

entscheidet

1. Das Mol ist die Stoffmenge eines Systems, das aus ebensoviel Einzelteilchen besteht, wie Atome in 0,012 Kilogramm des Kohlenstoffnuklids ^{12}C enthalten sind; sein Einheitenzeichen ist „mol".
2. Bei Benutzung des Mol müssen die Einzelteilchen spezifiziert sein und können Atome, Moleküle, Ionen, Elektronen sowie andere Teilchen oder Gruppen solcher Teilchen genau angegebener Zusammensetzung sein.
3. Das Mol ist eine Basiseinheit des Internationalen Einheitensystems.

[8]) In der Voraussicht dieses Ersuchens hatte das Internationale Komitee für Maß und Gewicht sein Beratendes Komitee für die Definition der Sekunde beauftragt, eine Definition der Internationalen Atomzeit vorzubereiten. Diese vom Internationalen Komitee in seiner 59. Sitzungsperiode (Oktober 1970) gebilligte Definition lautet wie folgt:
„Die Internationale Atomzeit ist die vom Internationalen Büro für die Zeit hergestellte Zeitmarkenkoordinate auf der Basis der Anzeigen von in verschiedenen Instituten entsprechend der Definition der Sekunde, der Zeiteinheit des Internationalen Einheitensystems, betriebenen Atomuhren."

15. CGPM, 1975

UTC

– *Koordinierte Weltzeit* (C.R., S. 104)

RESOLUTION 5

Die Fünfzehnte Generalkonferenz für Maß und Gewicht,

in Erwägung,

daß das „Koordinierte Weltzeit“ (UTC) genannte System überwiegend verwendet wird, daß es von den meisten Zeitsignalsendern verbreitet wird, daß seine Aussendung den Benutzern gleichzeitig Normalfrequenzen, die Internationale Atomzeit und eine Näherung an die Weltzeit (oder, anders ausgedrückt, an die Mittlere Sonnenzeit) liefert,

stellt fest,

daß diese Koordinierte Weltzeit der Bürgerlichen Zeit zugrunde liegt, deren Anwendung in den meisten Staaten gesetzlich ist,

erachtet

dieses Verfahren als vollkommen empfehlenswert.

Becquerel
Gray

– *SI-Einheiten für ionisierende Strahlungen* (C.R., S. 105)

RESOLUTIONEN 8 und 9

Die Fünfzehnte Generalkonferenz für Maß und Gewicht,

in Anbetracht

der von der Internationalen Kommission für radiologische Einheiten und Messungen (ICRU) zum Ausdruck gebrachten Dringlichkeit, die Anwendung des Internationalen Einheitensystems auf Forschung und Praxis in der Radiologie auszudehnen,

in Anbetracht

der Notwendigkeit, die Anwendung der Einheiten so einfach wie möglich bei Nichtfachleuten einzuführen,

mit Rücksicht

auch auf die Bedeutung von Irrtumsrisiken in der Therapie,

nimmt

den folgenden besonderen Namen der SI-Einheit für die Aktivität an: — Resolution 8

das Becquerel, Einheitenzeichen Bq, gleich der reziproken Sekunde;

nimmt

den besonderen Namen für eine SI-Einheit im Bereich der ionisierenden Strahlungen an: — Resolution 9

das Gray, Einheitenzeichen Gy, gleich dem Joule durch Kilogramm.*

Peta
Exa

– *Vorsätze Exa und Peta* (C.R., Seite 106)

RESOLUTION 10

Die Fünfzehnte Generalkonferenz für Maß und Gewicht,

entscheidet, der von der Elften Generalkonferenz, Resolution 12, Nummer 3, angenommenen Liste der SI-Vorsätze für die Bildung der Namen von Vielfachen von Einheiten die folgenden beiden Vorsätze hinzuzufügen:

Faktor, mit dem die Einheit multipliziert wird	Vorsatz	Vorsatzzeichen
10^{15}	Peta	P
10^{18}	Exa	E

* *Anmerkung.* Das Gray ist die SI-Einheit der Energiedosis. Im Bereich der ionisierenden Strahlungen kann das Gray noch mit anderen physikalischen Größen benutzt werden, die auch in Joule durch Kilogramm ausgedrückt werden; das Comité Consultatif des Unités ist beauftragt, diese Frage in Zusammenarbeit mit den zuständigen internationalen Organisationen zu untersuchen.

Anhang II Realisierung der Definitionen der wichtigsten Einheiten

1. Länge

Das CIPM hat 1960 folgende Empfehlung angenommen, welche die Eigenschaften der Entladungslampe zur Erzeugung der Normal-Spektrallinie des Krypton 86 im einzelnen angibt:

> In Übereinstimmung mit Absatz 1 der von der Elften Generalkonferenz für Maß und Gewicht (Oktober 1960) angenommenen Resolution 7 empfiehlt das Internationale Komitee für Maß und Gewicht, die als fundamentales Normal der Länge angenommene Spektrallinie des Krypton 86 in einer Entladungslampe mit Glühkathode zu realisieren. Die Lampe soll so viel Krypton 86 mit einem Reinheitsgrad von mindestens 99 % enthalten, daß bei einer Temperatur von 64 °K die Anwesenheit von festem Krypton sichergestellt ist. Die Lampe soll mit einer Kapillare versehen sein, die folgende Abmessungen hat: innerer Durchmesser 2 mm bis 4 mm, Wandstärke ungefähr 1 mm.
>
> Man schätzt, daß die Wellenlänge der von der positiven Säule emittierten Strahlung bis auf 1 Hundertmillionstel (10^{-8}) ihres Wertes gleich der Wellenlänge ist, die dem Übergang zwischen den ungestörten Elektronenzuständen entspricht, wenn folgende Bedingungen erfüllt sind:
>
> 1. die am anodenseitigen Kapillarende austretenden, von der Kathoden- zur Anodenseite laufenden Lichtstrahlen werden beobachtet;
> 2. der untere Teil der Lampe, einschließlich der Kapillare, taucht in ein Kühlbad, dessen Temperatur bis auf 1 Grad auf der des Tripelpunktes von Stickstoff gehalten wird;
> 3. die Stromdichte in der Kapillare beträgt (0,3 ± 0,1) Ampere durch Quadratzentimeter.
>
> (*Procès-Verbaux CIPM,* 28, 1960, S. 71; *Comptes rendus 11. CGPM,* 1960, S. 85).

Die zusätzlich erforderliche Apparatur umfaßt: stabilisierte Stromquellen für die elektrische Versorgung der Lampe, einen vakuumdichten Kryostaten, ein in der Nähe von 63 K verwendbares Thermometer, eine Vakuumpumpe, einen Monochromator (zur Isolierung der Spektrallinie) oder spezielle Interferenzfilter.

Andere Spektrallinien von Krypton 86 und mehrere Linien von Quecksilber 198 und Cadmium 114 werden als Sekundärnormale empfohlen (*Procès-Verbaux CIRM*, **31**, 1963, Empfehlung 1, S. 26 und *Comptes rendus 12. CGPM*, 1964, S. 18).

Zwei durch Helium-Neon-Laser erzeugte monochromatische Strahlungen, die eine im sichtbaren Bereich, die andere im infraroten Bereich des Spektrums, an eine gesättigte Absorptionslinie des Jod oder des Methan gebunden, werden als Wellenlängennormale mit den folgenden Werten empfohlen (*Procès-Verbaux CIPM*, **41**, 1973, S. 112)

Linie	*Vakuumwellenlänge*
Methan, P(7), Bande ν_3	$3\,392\,231{,}40 \times 10^{-12}$ m
Jod 127, R(127), Bande 11-5 Komponente i	$632\,991{,}399 \times 10^{-12}$ m

Diese Strahlungen sind mit einer relativen Unsicherheit in der Größenordnung 10^{-10} reproduzierbar; die Wellenlänge in Meter ausgedrückt ist durch die Unsicherheit der Realisierung des Normals (Wellenlänge der ^{86}Kr-Strahlung) mit einer geschätzten Unsicherheit zu 4×10^{-9} behaftet. Bei der Messung der Schwebungsfrequenzen zwischen benachbarten Strahlungen (verschiedene Komponenten von Hyperfeinstruktur-Multiplets des Jod zum Beispiel) erhält man einen sehr genauen Wert der Wellenlängendifferenzen.

Die Wellenlänge aller dieser Linien ändert sich mit Druck, Temperatur und Zusammensetzung der Luft, in der sie sich fortpflanzen; es ist daher im allgemeinen notwendig, die Brechzahl der Luft am Ort der Messung zu bestimmen.

Zur Messung von Endmaß- oder Strichmaß-Normalen benutzt man diese Strahlungen in einem Interferenzkomparator, einem komplizierten Gerät, das aus einem mechanischen und einem interferenzoptischen Teil sowie einer Einrichtung zur Temperaturbestimmung besteht.

Die Wellenlänge der weiter oben angegebenen Methanlinie, multipliziert mit ihrer Frequenz (gemessen durch Vergleich mit derjenigen des Übergangs von ^{133}Cs entsprechend der Definition der Sekunde), führt zu dem von der 15. CGPM (Resolution 2) empfohlenen Wert der Ausbreitungsgeschwindigkeit elektromagnetischer Wellen im Vakuum c = 299 792 458 m/s. Es ist denkbar, daß dieser Wert von c in Zukunft unverändert beibehalten wird.

2. Masse

Das primäre Normal der Masseneinheit ist das Internationale Kilogrammprototyp, das vom Internationalen Büro für Maß und Gewicht aufbewahrt wird. Die Masse von 1-kg-Sekundärnormalen aus Platin-

Iridium oder aus rostfreiem Stahl wird mit der Masse des Prototyps auf Waagen verglichen, deren relative Meßunsicherheit kleiner oder gleich 10^{-8} ist.

Die Einmessung eines Satzes von Massestücken ist ein einfacher Meßvorgang, der den Übergang auf Vielfache und Teile des Kilogramm ermöglicht.

3. Zeit

Einige spezialisierte Laboratorien konstruieren selbst die erforderliche Apparatur zur Erzeugung elektrischer Schwingungen mit der Frequenz der Schwingung des Caesium-133-Atoms, die die Sekunde definiert. Diese Apparatur besteht unter anderem aus einem Quarzoszillator, aus Frequenzvervielfachern und -teilern, aus einem Klystron, phasenempfindlichen Verstärkern, einer evakuierten Caesium-Atomstrahlapparatur mit Hohlraumresonatoren, homogenen und inhomogenen Magnetfeldern und einem Ionendetektor.

Gesamtanordnungen zur Erzeugung dieser Frequenz sind im Handel erhältlich.

Durch Frequenzteilung erhält man Impulse mit der gewünschten Frequenz, z.B. 1 Hz, 1 kHz usw.

Die Stabilität und die Genauigkeit für die besten Apparaturen entsprechen einer relativen Unsicherheit von 10^{-12} und sogar 10^{-13}.

Radiostationen verbreiten ungedämpfte Wellen, deren Frequenz mit einer relativen Unsicherheit der gleichen Größenordnung bekannt ist.

Außer dem Caesium-Normal gibt es andere Frequenznormale, z.B. den Wasserstoffmaser, die Rubidiumuhr, Quarz-Frequenznormale und -uhren usw. Ihre Frequenz wird durch Vergleich mit einem Caesium-Normal entweder direkt oder indirekt über Radiowellen kontrolliert.

Die meisten durch Radiowellen vermittelten Zeitmarken werden gemäß einer Zeitskala ausgesendet, die Koordinierte Weltzeit (UTC) genannt wird, deren Benutzung 1975 von der 15. CGPM (Resolution 5) empfohlen worden ist. Die UTC ist so definiert, daß sie um genau eine ganze Zahl von Sekunden von der Internationalen Atomzeit (TAI)[1]) abweicht. Die Differenz UTC – TAI ist mit −10 s am 1. Januar 1972 festgesetzt worden, dem Datum des Beginns der Anwendung der Neufestlegung von UTC, die früher eine jeweils vereinbarte Frequenzverschiebung enthielt; diese Differenz kann durch die Einfügung einer positiven oder negativen Schaltsekunde („leap second"), vorzugsweise

[1]) Siehe Anhang I, S. 44, die vom CIPM in Übereinstimmung mit dem Ersuchen der 14. CGPM (Resolution 1) gegebene Definition der TAI.

erstens am Ende des Dezember und des Juni und zweitens am Ende des März und des September, um jeweils 1 Sekunde geändert werden, damit UTC mit der durch die Rotation der Erde definierten Zeit mit einer Näherung von weniger als 0,9 s [2]) in Übereinstimmung bleibt. Ferner sind die gesetzlichen Zeiten in den meisten Ländern um eine ganze Zahl von Stunden verschoben (Zonenzeiten und sogenannte Sommerzeit).

4. Elektrische Größen

Sogenannte „absolute" elektrische Messungen, d.h. solche, die die Einheit direkt nach ihrer Definition realisieren, sind besonders spezialisierten Laboratorien vorbehalten.

Die elektrische Stromstärke erhält man in Ampere durch Messung der Kraft zwischen zwei Spulen, deren Gestalt und geometrische Ausdehnungen gemessen sind und durch die der zu messende Strom fließt.

Das Ohm, das Farad und das Henry sind durch Impedanzvergleiche bei einer bekannten Frequenz exakt verknüpft; diese Einheiten werden „absolut" bestimmt aus dem berechneten Wert:

1. der Eigeninduktivität einer Spule oder der Gegeninduktivität zweier Spulen als Funktion ihrer geometrischen Abmessungen oder
2. der Änderung der elektrischen Kapazität eines Kondensators als Funktion der Längenänderung seiner Beläge (Thompson-Lampard-Methode).

Das Volt wird aus dem Ampere und dem Ohm abgeleitet.

Die Unsicherheit dieser Messungen liegt für das Farad bei einigen 10^{-8} und für das Ampere bei einigen 10^{-6}.

Die Ergebnisse der „Absolut"-Messungen werden mit Hilfe von sekundären Normalen aufbewahrt, z.B.:

1. Spulen aus Manganindraht (Widerstandsnormale);
2. Galvanische Elemente mit Cadmiumsulfat als Elektrolyt (Spannungsnormale);
3. Kondensatoren (Kapazitätsnormale, z.B. von 10 pF).

Die Anwendung neuer Meßmethoden bietet außerdem die Möglichkeit, die Langzeitkonstanz der sekundären Normale, die die elektrischen Einheiten aufbewahren, zu kontrollieren: für das Ampere durch Messung des gyromagnetischen Verhältnisses γ_p' des Protons und für das Volt durch Messung des Quotienten h/e mit Hilfe des Josephson-Effektes.

[2]) Die Differenz UTC – TAI betrug am 1. Januar 1977 minus 16 s.

5. Temperatur

„Absolut"-Messungen der Temperatur beruhen – in Übereinstimmung mit der Definition der Einheit der thermodynamischen Temperatur, dem Kelvin – auf der Thermodynamik, z.B. dem Gasthermometer.

Die relative Meßunsicherheit liegt optimal bei 273,16 K in der Größenordnung von 10^{-6}; sie nimmt bei höheren und tieferen Temperaturen zu.

Die Internationale Praktische Temperaturskala von 1968, verbesserte Ausgabe 1975, die von der 15. CGPM angenommen wurde, ist mit den besten derzeit bekannten thermodynamischen Ergebnissen in Einklang. Der Text zur Definition dieser Skala ist in *Comité Consultatif de Thermométrie,* 10e session, 1974, Annexe T31 und in *Comptes rendus* 15. CGPM, 1975, Annexe 2 veröffentlicht; die englische Übersetzung erschien in *Metrologia,* **12**, Nr. 1, 1976, S. 7–17).

Die wichtigsten Instrumente, die zur Messung von Temperaturen in der Internationalen Skala verwendet werden, sind das Platin-Widerstandsthermometer, das Platinrhodium (10 % Rhodium)/Platin-Thermopaar und das Spektralpyrometer. Diese Instrumente werden bei einer bestimmten Anzahl reproduzierbarer Temperaturen eingemessen, die „Definitionsfixpunkte" genannt werden und deren Werte durch Übereinkommen festgesetzt sind.

6. Stoffmenge

Alle quantitativen Ergebnisse chemischer Analysen oder Dosierungen können in Mol ausgedrückt werden, mit anderen Worten, in der Einheit der Stoffmenge der Bestandteile. Das Prinzip physikalischer Messungen, die auf der Definition dieser Einheiten beruhen, wird im folgenden erläutert.

Der einfachste Fall liegt vor, wenn die Probe aus einem reinen Stoff, der aus Atomen aufgebaut angesehen wird, besteht; wir bezeichnen mit X das chemische Symbol dieser Atome. Nach der Definition enthält 1 Mol von Atomen X so viele Atome, wie ^{12}C-Atome in 0,012 kg Kohlenstoff 12 enthalten sind. Da man weder die Masse $m(^{12}\mathrm{C})$ eines Kohlenstoff-12-Atoms noch die Masse $m(\mathrm{X})$ eines X-Atoms genau messen kann, benutzt man das Verhältnis dieser Massen $m(\mathrm{X})/m(^{12}\mathrm{C})$, das genau bestimmt werden kann[3]). Die einem Mol von X entsprechende Masse ist dann $[m(\mathrm{X})/m(^{12}\mathrm{C})] \times 0{,}012$ kg, die dadurch ausgedrückt wird, daß man sagt: Die stoffmengenbezogene Masse $M(\mathrm{X})$ von X

---

3) Es gibt mehrere Methoden, dieses Verhältnis zu messen; die direkteste Methode ist die Benutzung eines Massenspektrometers.

(Quotient: Masse durch Stoffmenge) ist:

$M(X) = [m(X)/m(^{12}C)] \times 0{,}012\ \mathrm{kg/mol}.$

Zum Beispiel haben das Atom Fluor ^{19}F und das Atom Kohlenstoff ^{12}C Massen, die sich wie 18,998 4 zu 12 verhalten. Die stoffmengenbezogene Masse des molekularen Gases F_2 ist:

$$M(F_2) = \frac{2 \times 18{,}998\,4}{12} \times 0{,}012\ \mathrm{kg/mol} = 0{,}037\,996\,8\ \mathrm{kg/mol}.$$

Die Stoffmenge, die einer gegebenen Masse des Gases F_2, beispielsweise 0,05 kg, entspricht, ist:

$$\frac{0{,}05\ \mathrm{kg}}{0{,}037\,996\,8\ \mathrm{kg \cdot mol^{-1}}} = 1{,}315\,90\ \mathrm{mol}.$$

Im Falle eines reinen Stoffes aus Molekülen B, die Verbindungen von Atomen X, Y, ... nach der chemischen Formel $B = X_\alpha Y_\beta \ldots$ sind, ist die Masse eines Moleküls $m(B) = \alpha m(X) + \beta m(Y) + \ldots$.

Diese Masse ist nicht genau bekannt, aber das Verhältnis $m(B)/m(^{12}C)$ kann genau bestimmt werden. Die stoffmengenbezogene Masse eines molekularen Stoffes B ist dann:

$$M(B) = \frac{m(B)}{m(^{12}C)} \times 0{,}012\ \mathrm{kg/mol} = \left[\alpha \frac{m(X)}{m(^{12}C)} + \beta \frac{m(Y)}{m(^{12}C)} + \ldots\right] \times 0{,}012\ \mathrm{kg/mol}.$$

In der gleichen Weise geht man in dem allgemeinen Fall vor, in dem der betrachtete Stoff B die angegebene Zusammensetzung $B = X_\alpha Y_\beta \ldots$ hat, aber α und β keine ganzen Zahlen sind. Mit anderen Worten, wenn man die Massenverhältnisse $m(X)/m(^{12}C)$, $m(Y)/m(^{12}C)$, ... mit $r(X)$, $r(Y)$, ... bezeichnet, ist die stoffmengenbezogene Masse des Stoffes B

$M(B) = [\alpha\, r(X) + \beta\, r(Y) + \ldots] \times 0{,}012\ \mathrm{kg/mol}.$

Es gibt weitere, auf den Gesetzen der Physik und der physikalischen Chemie beruhende Methoden zur Messung von Stoffmengen. Hier drei Beispiele:

Bei idealen Gasen nimmt 1 Mol der Teilchen eines Gases bei einer Temperatur T und einem Druck p stets das gleiche Volumen (ungefähr $0{,}022\,4\ \mathrm{m^3}$ bei $T = 273{,}16$ K und $p = 101\,325$ Pa) ein; damit hat man ein Verfahren zur Messung des Verhältnisses der Stoffmenge zweier beliebiger Gase (für nicht ideale Gase kann man die notwendigen Korrekturen bestimmen).

Bei quantitativen elektrolytischen Reaktionen kann man das Verhältnis der Stoffmengen durch Messung der elektrischen Ladung ermitteln.

Zum Beispiel werden 1 Mol Ag und 1 Mol 1/2 Cu auf einer Kathode durch die gleiche Elektrizitätsmenge (ungefähr 96 487 C) niedergeschlagen.

Die Anwendung der Raoultschen Gesetze ist eine weitere Methode zur Messung des Verhältnisses von Stoffmengen in verdünnten Lösungen.

7. Photometrische Größen

Photometrische „Absolut"-Messungen, d.h. Messungen durch Vergleich mit der Leuchtdichte des Schwarzen Strahlers bei der Erstarrungstemperatur des Platins, sind einigen spezialisierten Laboratorien vorbehalten. Die relative Meßunsicherheit dieser „Absolut"-Bestimmungen ist etwas kleiner als 1 Prozent.

Die Ergebnisse der „Absolut"-Messungen werden mit Hilfe von Glühlampen, die in einer bestimmten Art mit Gleichstrom gespeist werden, aufbewahrt. Diese Lampen bilden die Normale der Lichtstärke oder des Lichtstroms.

Die Methode, die 1937 vom Internationalen Komitee für Maß und Gewicht (*Procès-Verbaux CIPM*, **18**, S. 237) zur Bestimmung der Werte photometrischer Größen von Lichtquellen mit anderer Farbe als der des primären Normals gebilligt wurde, besteht in der Berücksichtigung des „spektralen Hellempfindlichkeitsgrads" $V(\lambda)$. Mit seiner Empfehlung C1 (1972) empfiehlt das CIPM, die 1971 von der Internationalen Beleuchtungskommission (CIE) angenommenen Werte für $V(\lambda)$ zu benutzen [4]). Die Verteilungsfunktion $V(\lambda)$ hat man für photopisches Sehen erhalten, das heißt für auf das Tageslicht adaptierte Netzhaut. Für auf die Dunkelheit adaptierte Netzhaut erhält man eine andere Funktion $V'(\lambda)$, die den spektralen Hellempfindlichkeitsgrad für skotopisches Sehen ausdrückt (CIE); diese Funktion $V'(\lambda)$ wurde vom CIPM im September 1976 sanktioniert.

Die photometrischen Größen sind somit rein physikalisch definiert als Größen, die der Summe oder dem Integral einer mit einer genau festgelegten Wellenlängenfunktion bewerteten spektralen Energieverteilungsfunktion proportional sind.

---

[4]) Publikationen CIE Nr. 18 (1970), S. 43, und Nr. 15 (1971), S. 93; *Procès-Verbaux CIPM*, **40**, (1972), Annex 1. Die Werte von $V(\lambda)$ $[= \bar{y}(\lambda)]$ sind für in 1 nm gestaffelte Wellenlängen im Bereich von 360 bis 830 nm gegeben; sie stellen eine Vervollkommnung der Werte von 10 zu 10 nm dar, die 1933 vom CIPM und davor 1924 von der CIE angenommen waren.

Anhang III Geschichtlicher Überblick

Die Organe der Meterkonvention

Das Internationale Büro, das Internationale Komitee und die Generalkonferenz für Maß und Gewicht

Das *Internationale Büro für Maß und Gewicht* (Bureau International des Poids et Mesures; BIPM) ist bei der letzten Sitzung der Conférence Diplomatique du Mètre gemäß der am 20. Mai 1875 in Paris von siebzehn Staaten unterzeichneten *Meterkonvention* gegründet worden. Diese Konvention wurde 1921 modifiziert.

Das Internationale Büro hat seinen Sitz bei Paris, auf dem Gelände (43 520 m^2) des Pavillon de Breteuil (im Park von Saint-Cloud), das ihm von der französischen Regierung zur Verfügung gestellt worden ist; sein Unterhalt ist durch gemeinschaftliche Beitragsleistungen der Mitgliedstaaten der Meterkonvention sichergestellt [1]).

Das Internationale Büro hat zur Aufgabe, die weltweite Einheitlichkeit der physikalischen Maße zu gewährleisten; ihm obliegt:

- die Basisnormale und die Skalen für die wichtigsten physikalischen Größen darzustellen und die internationalen Prototype aufzubewahren;
- den Vergleich der nationalen und internationalen Normale durchzuführen;
- die Koordinierung der entsprechenden Meßverfahren zu gewährleisten;
- die Bestimmung von physikalischen Konstanten, die bei den zuvorgenannten Tätigkeiten eine Rolle spielen, durchzuführen und zu koordinieren.

---

[1]) Am 31. Dezember 1975 sind vierundvierzig Staaten Mitglieder dieser Konvention: Ägypten, Argentinien, Australien, Belgien, Brasilien, Bulgarien, Chile, Dänemark, Bundesrepublik Deutschland, Deutsche Demokratische Republik, Dominikanische Republik, Finnland, Frankreich, Indien, Indonesien, Iran, Irland, Italien, Japan, Jugoslawien, Kamerun, Kanada, Korea, Mexiko, Niederlande, Norwegen, Österreich, Pakistan, Polen, Portugal, Rumänien, Schweden, Schweiz, Sowjetunion, Spanien, Südafrika, Thailand, Tschechoslowakei, Türkei, Ungarn, Uruguay, Venezuela, Vereinigte Staaten von Amerika, Vereinigtes Königreich.

Das Internationale Büro wirkt unter der ausschließlichen Aufsicht des *Internationalen Komitees für Maß und Gewicht* (Comité International des Poids et Mesures; CIPM), das seinerseits der *Generalkonferenz für Maß und Gewicht* (Conférence Générale des Poids et Mesures; CGPM) untersteht.

Die Generalkonferenz besteht aus den Delegierten aller Mitgliedstaaten der Meterkonvention und tritt mindestens alle sechs Jahre einmal zusammen. Sie nimmt bei jeder ihrer Tagungen den Bericht des Internationalen Komitees über die geleisteten Arbeiten entgegen und hat zum Auftrag:

- die notwendigen Messungen zu diskutieren und zu veranlassen, um die Ausbreitung und Vervollkommnung des Internationalen Einheitensystems (SI), der modernen Version des Metrischen Systems, zu gewährleisten;
- die Ergebnisse von neuen metrologischen Fundamentalbestimmungen und verschiedene wissenschaftliche Entschließungen von internationaler Tragweite zu sanktionieren;
- wichtige Entscheidungen über die Organisation und die Entwicklung des Internationalen Büros zu treffen.

Das Internationale Komitee besteht aus achtzehn Mitgliedern, die verschiedenen Staaten angehören; es tritt mindestens alle zwei Jahre einmal zusammen. Das Büro dieses Komitees richtet an die Regierungen der Mitgliedstaaten der Meterkonvention einen *Jahresbericht* (Rapport Annuel) über die administrative und finanzielle Lage des Internationalen Büros.

Ursprünglich begrenzt auf die Maße für Länge und Masse und auf metrologische Untersuchungen hinsichtlich dieser Größen, wurde der Wirkungskreis des Internationalen Büros auf die Normale für elektrische Messungen (1927), für photometrische Messungen (1937) und für Messungen der ionisierenden Strahlen (1960) ausgedehnt. Zu diesem Zweck erfolgte im Jahre 1929 eine Erweiterung der ersten, 1876 bis 1878 errichteten Laboratorien. Weiterhin wurden 1963 und 1964 zwei neue Gebäude für die Laboratorien der Sektion für ionisierende Strahlen errichtet.

Etwa dreißig Physiker und Techniker arbeiten in den Laboratorien des Internationalen Büros; sie führen metrologische Untersuchungen durch sowie Messungen, deren Ergebnisse in den Beglaubigungen der Normale für die bereits erwähnten Größen ihren Niederschlag finden. Der Jahresetat des Internationalen Büros hat die Größenordnung von etwa 5 000 000 Goldfranken, das sind rund 2 000 000 US-Dollar (im Jahre 1977).

In Anbetracht der Erweiterung der Aufgaben des Internationalen Büros hat das Internationale Komitee seit 1927 Gremien mit der Bezeichnung *Beratende Komitees* (Comités Consultatifs) eingesetzt, die es über die ihnen zur Prüfung unterbreiteten Fragen gutachtlich beraten sollen. Diese Beratenden Komitees, die zeitweilige oder ständige „Arbeitsgruppen" zur Untersuchung spezieller Fragen bilden können, haben zur Aufgabe, die auf ihrem jeweiligen Sachgebiet durchzuführenden internationalen Arbeiten zu koordinieren und Empfehlungen über beabsichtigte Änderungen von Definitionen und Werten der Einheiten im Hinblick auf Entscheidungen vorzubereiten, die das Internationale Komitee zur Gewährleistung der weltweiten Einheitlichkeit der Einheiten im Meßwesen selbst zu fällen oder der Generalkonferenz zur Bestätigung zu unterbreiten hat.

Die Beratenden Komitees haben eine gemeinsame Satzung (*Procès-Verbaux CIPM,* **31**, 1963, S. 97). Jedes Beratende Komitee, mit dessen Vorsitz stets ein Mitglied des Internationalen Komitees betraut ist, setzt sich aus je einem Delegierten der großen metrologischen Staatsinstitute und der in einer vom Internationalen Komitee aufgestellten Liste aufgeführten Fachgremien zusammen, aus persönlichen Mitgliedern, die gleichfalls vom Internationalen Komitee berufen werden, und aus einem Vertreter des Internationalen Büros. Diese Komitees halten ihre Sitzungen in unregelmäßigen Abständen ab; gegenwärtig sind es sieben an der Zahl:

1. Das *Comité Consultatif d'Electricité* (CCE), im Jahre 1927 gegründet.
2. Das *Comité Consultatif de Photométrie et de Radiométrie* (CCPR), neuer Name für das *Comité Consultatif de Photométrie* (CCP) seit 1971, gegründet im Jahre 1933 (von 1930 bis 1933 hat sich das CCE mit den photometrischen Fragen befaßt).
3. Das *Comité Consultatif de Thermométrie* (CCT), im Jahre 1937 gegründet.
4. Das *Comité Consultatif pour la Définition du Mètre* (CCDM), im Jahre 1952 gegründet.
5. Das *Comité Consultatif pour la Définition de la Seconde* (CCDS), im Jahre 1956 gegründet.
6. Das *Comité Consultatif pour les Etalons de Mesure des Rayonnements Ionisants* (CCEMRI), im Jahre 1958 gegründet. Im Jahre 1969 hat dieses Beratende Komitee vier Sektionen eingesetzt: Sektion I (Röntgen- und γ-Strahlen, Elektronen); Sektion II (Messung von Radionukliden); Sektion III (Neutronenmessungen); Sektion IV (α-Energie-Normale). Die letztere Sektion wurde 1975 aufgelöst, mit ihrem Arbeitsgebiet ist die Sektion II betraut worden.
7. Das *Comité Consultatif des Unités* (CCU), im Jahre 1964 gegründet.

Die Arbeiten der Generalkonferenz, des Internationalen Komitees, der Beratenden Komitees und des Internationalen Büros werden vom Internationalen Büro als Herausgeber in den folgenden Schriftenreihen veröffentlicht:

- *Comptes Rendus des séances de la Conférence Générale des Poids et Mesures;*
- *Procès-Verbaux des séances du Comité International des Poids et Mesures;*
- *Sessions des Comités Consultatifs;*
- *Recueil de Travaux du Bureau International des Poids et Mesures* (diese Sammlung vereinigt alle in wissenschaftlichen und technischen Zeitschriften und Werken erschienenen Abhandlungen wie auch bestimmte Arbeiten, die als im Manuskript vervielfältigte Berichte veröffentlicht wurden).

Von Zeit zu Zeit veröffentlicht das Internationale Büro unter dem Titel *Les récents progrès du Système Métrique* einen Bericht über die Verbreitung des „Metrischen Systems" (SI) in der Welt.

Die Herausgabe der Sammlung *Travaux et Mémoires du Bureau International des Poids et Mesures* (von 1881 bis 1966 sind 22 Bände erschienen) ist im Jahre 1966 durch Entscheidung des Internationalen Komitees eingestellt worden.

Seit 1965 veröffentlicht die internationale Zeitschrift *Metrologia*, die unter der Aufsicht des Internationalen Komitees herausgegeben wird, Artikel über die in der Welt ausgeführten wesentlichen Arbeiten auf dem Gebiete des wissenschaftlichen Meßwesens, über die Verbesserung der Meßmethoden und der Normale, über die Einheiten usw., wie auch Berichte über die Tätigkeit, die Entscheidungen und die Empfehlungen der Organe der Meterkonvention.

